一本书读懂
碳市场

周宣合　赵培植　姜灵皓
林双双　孙小菁　竺雨辰　著

Understanding
the Carbon Market

机械工业出版社
CHINA MACHINE PRESS

本书聚焦于碳市场在全球气候挑战中的关键作用，提供从理论到实务的综合分析框架。书中追溯了碳市场的起源，剖析了其在中国的本土化发展及全球态势，系统介绍了碳资产的种类，以及国内外碳市场的运作情况。针对国内碳市场，深入探讨了碳资产的法律属性，分析了法律政策的脉络及现行规则。在实务层面，详细阐述了碳资产开发与交易的操作指南，并结合案例分析，呈现了立体化的图景。最后，展望了中国碳市场的未来，分析了 CCER 市场及碳金融的发展趋势，为市场的持续发展提供了理论与政策支持。

图书在版编目（CIP）数据

一本书读懂碳市场 / 周宣合等著 . -- 北京：机械

工业出版社 , 2025. 6. -- ISBN 978-7-111-78318-3

Ⅰ. X511

中国国家版本馆 CIP 数据核字第 2025PX9968 号

机械工业出版社（北京市百万庄大街 22 号　邮政编码 100037 ）

策划编辑：顾　煦　　　　　　责任编辑：顾　煦　高珊珊

责任校对：王文凭　王小童　景　飞　　责任印制：单爱军

保定市中画美凯印刷有限公司印刷

2025 年 8 月第 1 版第 1 次印刷

170mm × 230mm · 13.25 印张 · 1 插页 · 140 千字

标准书号：ISBN 978-7-111-78318-3

定价：68.00 元

电话服务　　　　　　　　　网络服务

客服电话：010-88361066　　机 工 官 网：www.cmpbook.com

　　　　　010-88379833　　机 工 官 博：weibo.com/cmp1952

　　　　　010-68326294　　金 书 网：www.golden-book.com

封底无防伪标均为盗版　　机工教育服务网：www.cmpedu.com

在全球积极应对气候变化、全力迈向"双碳"目标的关键时期，这本书的问世恰逢其时，为碳资产领域的理论研究与实践操作呈上了一份极具分量的佳作。

这本书内容全面且系统，逻辑架构严谨清晰。从碳市场的起源娓娓道来，深入剖析了其在国际与国内的发展脉络，使读者能精准把握碳市场从萌芽到逐步壮大的历史进程与演进逻辑。对各类碳资产的详细分类与深度解读，无论是国内的碳排放配额与自愿减排量，还是国外丰富多样的碳信用产品，都让读者对碳资产的内涵与外延有了透彻的理解。在全球主要碳市场的研究方面，不局限于表面描述，而是深入挖掘其运行机制、精准剖析发展挑战并提出切实可行的应对策略，为我国碳市场建设提供了宝贵的借鉴经验。尤为值得一提的是，书中对碳资产法律属性的多维度探讨，以及对国内碳市场实操规则的全方位梳理，涵盖政策沿革、市场架构、交易细则等核心内容，为从业者筑牢了坚实的知识根基。

在实务指导层面，这本书更是独具匠心。基于碳资产一级市场项目开发，以CCER项目为典型案例，从参与主体资质剖析、开发流程精细拆解、不同类型项目要点聚焦，到开发模式与融资策略创新探索，提供了一套环环相扣、切实可行的操作流程。在二级市场交易实务部分，对交易产品与交易方式进行了详尽阐释，结合各地碳市场的实际案例与数据，使读者能迅速洞悉市场动态与交易诀窍。国内碳基金运作的深入分析，为碳金融创新实践开辟了新思路、提供了新方向。

这本书的出版，不仅是对碳市场现有知识体系的一次系统总结与升华，更是为众多投身碳市场的研究者、政策制定者、企业从业者点亮了一盏明灯，指引他们在这片充满机遇与挑战的领域中稳健前行。衷心期望广大读者能珍视这部著作，潜心研读、学以致用，携手为我国碳市场的蓬勃发展添砖加瓦，为全球气候治理宏伟事业贡献磅礴力量，共同谱写绿色低碳发展的壮丽篇章。

梅德文

北京绿色交易所副董事长

在当下人心思动的年代能安静下来著书已属难得，而能写一本新兴领域且有深度思考的书更是非有大毅力者不能实现。故当作者嘱我为序时，我欣然答应，就自身对碳和本书的思考记于序中。

走碳中和之路，要有信心，更要有热情。近日，家长会上，老师怀着复杂的心情分享了某学生的留言："不知怎的，我对学习失去了信心，但我不想失去这份热情。"现阶段，全球气候变化领域里很多从业人员也正处于彷徨之中。万事开头难，老话总是充满了智慧，从零到一，从 1992 年《联合国气候变化框架公约》，到 2015 年的《巴黎协定》，人类都这样走过来了，难道还会恐惧从一到一百的路走不下去吗？确实国际形势日益复杂，反对和彷徨的力量会增加。我们要有信心，走碳中和之路是全球不可逆转的发展之路，国际碳治理机制的形成、碳中和理念的深植、低碳产业的发展等要素支撑着我们目标的实现。我们更要有热情，仍然记得2009年时任国家发展和改革委员会副主任的解振华同志在珠海召开的首次全国碳市场讨论会上的一句话：人的一生能有幸从事气候变化事业，已经够幸福了。碳中和之路从来不是一帆风顺之路，只要我们保持热情，道阻且远，行之将至。

走低碳产业发展之路，要走新路。全球的低碳产业之路也已经走过了一段路程，怎么走才是关键。最初大家选择的是碳定价调节机制之路，即通过碳市场、碳税等手段增加碳排放成本，从而推动低碳产业发展。这几年全球碳市场发展速度可谓一日千里，碳交易价格节节升高，但低碳产业的规模、效益与传统产业相比仍不可同日而语。随着今后国际形势复杂性增加，绿色溢价的空间将会越来越小，以新能源为基础的低碳产业取代以传统能源为基础的产业的关键点还是成本。新能源发电成本已经低于传统能源发电成本，就连最近在讨论的绿色甲醇，成本也已从去年每吨800美元的价格跌至年初的每吨400美元，绿色甲醇成本的降低不仅推动了航运行业的低碳化，最终也会推动化工行业原材料的低碳化。我们选择的低碳产业之路，一定是经济成本低于传统产业成本的发展之路。

走碳市场发展之路，要不断创新。碳市场是实现碳中和的重要有效工具，既然是市场，那就有波动，我们不要拘泥于一时的效果，需要更多关注的是创新。全国碳排放权交易市场已正式启动四年，碳市场启动本身就是一件值得庆贺的国际大事，其间，制度不断完善，企业碳意识日益增强，市场化效果初现，但整体效应有所欠缺。现阶段创新重点是让碳市场按照市场规律运作，未来创新重点在于激励企业和国际对接。

经过多年的推动，碳中和已成为当今时代的重要发展方向，本书应时而著。作者中有国内第一批从事碳交易的老人，有建章立制的法学者，内容实践性强，条理清晰，繁而不乱，更结合实践与理论，提出建设性的立法思路，故荐之。

宾晖

博士，清华大学全球证券市场研究院学术委员，

复旦大学经济学院专业学位兼职导师

2025 年 4 月 25 日

　　在全球气候变暖的挑战下，碳市场作为新兴市场，已经成为全球经济转型和可持续发展的关键领域。本书旨在为碳资产市场的理论研究和实务操作提供综合性的分析框架，以期为相关领域的学者、政策制定者和市场参与者提供理论支持和实践指导。

　　本书首先从碳市场的起源着手，追溯其理论基础和制度发展的历史脉络。通过深入剖析碳市场在中国的本土化开端，揭示了碳市场在全球范围内的发展态势及其在中国特定社会经济背景下的适应与创新。在此基础上，本书对碳资产种类进行了系统的分类与介绍，旨在为读者提供一个清晰的碳资产概念框架，以及对国内外碳资产特点的全面认识。

进一步地，本书对国内外碳市场的运作情况进行了详尽的梳理与分析。通过深入探讨全球主要碳市场的形成过程、运行机制、潜在不足等，本书揭示了全球各主要碳市场的不同发展背景，以及各自面临的挑战与机遇。

回归到国内碳市场的视角，鉴于在我国现行法律法规中，对碳资产的法律属性界定尚不明确，且有关碳市场运作的规则散见于多份规定之中，因此本书还对我国碳资产的法律属性进行了理论层面的深入探讨，并分析了国内碳市场的法律政策发展脉络、现行规则的框架结构及主要制度内容，以期让读者在阅读本书后能够对国内碳市场的整体制度安排和实操规则有更加全面的认识，并在夯实对法律规则理解的基础上，系统性地掌握实务中的碳资产开发与交易要点。

在碳资产开发及交易实务方面，本书提供了详尽的操作指南和案例分析。尤其在CCER备案与签发正式重启后，碳资产开发和交易的实务要点更是众多从业人士最为关心的知识热点。本书从一级市场项目开发的流程介绍、风险防范及实操细节到二级市场交易的产品种类、交易方式梳理，再到目前市场上较为火热的碳基金的合规运作，不仅提供了丰富的理论知识，还结合了实际操作中的经验和教训，为读者呈现了一个立体化的碳资产开发与交易图景。

最后，本书在总结前述章节的基础上，对我国碳市场的未来进行了展望。通过重点分析CCER市场及国内碳金融市场的发展趋势、面临的挑战以及可能的政策导向，本书为读者描绘了一个碳资产市场的未来蓝图，同时也为碳市场的持续发展和完善提供了理论支持和政策建议。

笔者自 2023 年 8 月动笔起草本书，其间修改十余稿，并最终于 2025 年 1 月完成本书，在这段时间内，笔者经历了国内碳市场政策的快速演变，特别是与 CCER 重启相关政策的快速落地，因此在撰写本书的过程中，笔者深感碳资产市场的复杂性和动态性，以及对理论研究和实务操作的高标准要求。因此，本书力求在理论与实践之间架起一座桥梁，既为学术研究提供坚实的理论基础，又为实务操作提供可行的操作指南。

笔者期待本书能够对读者全面了解碳市场及掌握在我国从事碳资产相关业务的实操要点有所裨益，并为推动全球环境保护和气候变化应对工作做出贡献。同时，笔者也期待读者能够通过阅读本书，获得宝贵的知识和启示，共同为构建一个更加绿色、可持续的未来而努力。

CONTENTS
目 录

第一章

什么是"碳市场"

2020 年 9 月 22 日，习近平主席在第七十五届联合国大会一般性辩论上发表重要讲话，明确指出了"中国将提高国家自主贡献力度，采取更加有力的政策和措施，二氧化碳排放力争于 2030 年前达到峰值，努力争取 2060 年前实现碳中和"，这便是"双碳"目标的最初由来。由此，"碳达峰""碳中和"概念在中国广受推崇。越来越多的机构和个人开始讨论"双碳"目标，及与此相关且方兴未艾的 ESG 概念。相比较于 ESG 概念的"环境（Environmental）""社会（Social）"和"治理（Governance）"，"双碳"目标相对而言更为集中。

为了进一步控制生产过程中的二氧化碳排放，从而于 2030 年前实现二氧化碳的峰值排放、于 2060 年前实现二氧化碳的"零排放"[⊖]，

⊖ 指生产、生活过程中产生的二氧化碳排放在节能减排的基础上，可以通过其他吸收二氧化碳的活动（如植树造林等）进行抵销。

有关政府部门也积极采取了相关措施，比如中国证券监督管理委员会于 2021 年 6 月 28 日公布并施行的《公开发行证券的公司信息披露内容与格式准则第 2 号—年度报告的内容与格式》中，即有公司治理（第二章第四节）、环境和社会责任（第二章第五节）的 ESG 信息披露要求。顺应这一必然趋势，2017 年已经暂停登记的国家核证自愿减排量（China Certified Emission Reduction，CCER）市场也重新开闸：2023 年 10 月 19 日，生态环境部和国家市场监督管理总局联合公布并施行了《温室气体自愿减排交易管理办法（试行）》，并由此开始了相关配套市场建设的启动。

本书将借此机会阐述碳市场的相关内容。顾名思义，碳市场即指二氧化碳排放权市场，从上文背景也可知，除二氧化碳排放外，为达到最终的二氧化碳"零排放"的碳中和目标，也需要市场上存在吸收二氧化碳的活动，因此，对二氧化碳排放控制而言，其既存在限制二氧化碳排放的二氧化碳排放权，也称为"碳排放权"，也存在鼓励二氧化碳吸收的二氧化碳自愿减排量。因此，碳市场又可以理解为基于二氧化碳排放控制需求而形成的市场，所以，通常所说的碳市场既包括了二氧化碳排放权的交易市场，也包括了自愿减排量的交易市场。由于往往是产生二氧化碳的活动主体需要背负二氧化碳排放量下降的指标，就节能减排技术改进无法实现的二氧化碳排放量减少部分，购买二氧化碳自愿减排量是其实现二氧化碳减排的必由之路。因此，目前为止，二氧化碳的主要排放者是碳市场的主要参与方，而二氧化碳自愿减排量的生产者也是碳市场的主要卖方之一。

第一节 为什么会有"碳市场"

　　控制二氧化碳排放、遏制温室效应，已是全人类不可争议的共识，但是对于每个单独个体而言，如其现有生产、生活状态已达到相对稳定的状态，那么在此基础上要求其降低二氧化碳排放量，通常需要其付出目前成本无法覆盖的额外的代价。为了将这样一个宏观需求落实到个体的行动上，碳市场应运而生。碳市场旨在通过碳排放权及自愿减排量的交易来促进全球温室气体的减排，以此应对全球气候变化的挑战。但为什么目前国内外的碳市场采用了现行的运行机制呢？想要了解这个问题，就需要先从碳市场形成的理论进行探讨和分析。

　　在经济学上，二氧化碳等温室气体排放导致的全球气候变暖问题被称为负外部性问题，因为排放这些温室气体的主体虽然给外部带来了危害，却没有支付任何补偿，最终把本应由私人承担的成本转嫁到外部，变成了全社会的成本。要对负外部性问题进行校正，把环境成本内部化到排放主体的成本结构之中，传统上主要依靠政府力量来实现：一是行政管制，即政府直接规定企业的排放量；二是统一征税，即政府对所有排放主体征收所谓的"庇古税"。实践过程中，两种方法都呈现出管制一刀切及税率欠缺弹性等明显局限，难以对企业减排产生适度且均衡的激励和约束。

　　而由英国经济学家罗纳德·科斯等发展起来的产权理论[⊖]，则

　　⊖ 产权理论的核心内容为：一切经济交往活动的前提是制度安排，这种制度实质上是人与人之间行使一定行为的权利。因此，经济分析的首要任务是界定产权，明确规定当事人可以做什么，然后通过产权交易达到社会总产品的最大化。

为解决温室效应等环境负外部性问题带来了新的思路。根据科斯定理[⊖]，产权界定清楚，人们就可以有效地选择最有利的交易方式，使交易成本最小化，从而通过交易来解决各种问题。如果把二氧化碳等温室气体的排放权视为一种归属明确的权利，则可以通过在自由市场上对这一权利进行交易，来将社会的排放成本降为最低。碳交易的思想由此萌芽。

在科斯定理基础上，进一步发展出了"总量与交易"（Cap and Trade）理论：政府根据环境容量及稀缺性理论[⊖]设定污染物排放上限（总量），并以配额的形式分配或出售给排放者，作为一定量特定排放物的排放权。而在此基础上，美国经济学家戴尔斯教授于1968年首次提出了排污权交易理论，他在《污染、财产与价格》（一本有关政策制定和经济学的书）中首次提出了排放权交易（Emissions-Trading Program）的设计以及排放权的概念。根据戴尔斯教授的理论，相比于通过行政手段强制管理排污企业以及向排污企业发放津贴以期排污企业自主减排，对排污企业征收排放权费用会显得更加公平和有效，因为强制管理排污企业的成本会很高，而且向排污企业发放津贴也会存在天然的信息不对称，政府很难确定企业的损失

⊖ 科斯定理分为第一定理和第二定理，第一定理内容为：如果交易费用为零，不管产权初始如何安排，当事人之间的谈判都会导致那些财富最大化的安排，即市场机制会自动达到帕累托最优。第二定理内容为：在交易费用大于零的世界里，不同的权利界定，会带来不同效率的资源配置。也就是说，在不同的产权制度下，交易的成本可能是不同的，因而，资源配置的效率可能也不同，所以，为了优化资源配置，产权制度的选择是必要的。

⊖ 20世纪60年代，巴尼特和莫尔斯提出关于环境资源稀缺性的理论，认为只有具有作为经济过程原材料和能源供应者这一功能的环境资源才具有稀缺性。而随着人类生产生活规模的日益扩大，人们意识到环境容量不再是可以随便利用的"天赐之物"，而成为同矿产、森林、淡水一样的资源。

和环境污染代价的比例；而针对排污权进行收费，会使得排污企业从经济效益上衡量自身购买排放权的费用和自主减排成本的高低，并产生排污企业自主节能减排的内生动力。这一理论最初被美国国家环保局应用于大气污染源的管理（最著名的即为美国 1995 年开始实施的"酸雨计划"），并逐步被其他西方国家所采纳。

从本质上看，碳交易是一种金融行为。不同的清洁项目和主体生成的减排量可以在碳金融市场上交易，并被转化为标准的金融工具。在科学评估环境承受能力以及减排目标的基础上，政策制定者人为地限制了以二氧化碳为代表的温室气体的排放行为，并确定了特定的排放总额度，这使得碳排放额度和减排额度（也即碳信用）变得稀缺，并转变为一种有价值的产品，即碳资产。相应地，这种交易碳资产的市场就被称为碳市场。通过碳资产交易，我们可以利用市场经济体制减缓污染问题，并同时为不同的市场主体创造经济收益。

因此，碳交易及其所带来的碳市场将气候变化这一科学问题、减少以二氧化碳为代表的温室气体排放这一技术问题和可持续发展这一经济问题紧密地联系在一起，通过市场机制来解决这个综合性的问题。而全球各个国家及地区的市场实践也验证了碳交易及建设相应的碳市场是目前缓解全球气候变暖的最有效方式之一。

第二节　碳市场发展的国际基础

在 20 世纪末，为了应对日益严峻的气候问题以及在国际间建立行之有效的环境气候问题的合作机制并达成共识，在一系列艰苦谈判下，联合国于 1992 年 5 月 9 日通过了《联合国气候变化框架公约》（以下简称《公约》），并于 1997 年 12 月 11 日通过了《公约》的第一个附加协议，即《京都议定书》。截至 2023 年 7 月，已有将近 200 个国家和地区参与签署了《公约》及《京都议定书》。

在制度层面，《京都议定书》把市场机制作为解决以二氧化碳为代表的温室气体减排问题的新路径，即将二氧化碳排放权作为一种商品，从而形成了二氧化碳排放权的交易，也即碳排放权交易。《京都议定书》规定了发达国家的减排义务，同时提出以下三个灵活的减排机制。

1）清洁发展机制（Clean Development Mechanism，CDM），其核心内容是允许其缔约方发达国家，与发展中国家进行项目级的减排量抵销额的转让与获得，从而在发展中国家实施温室气体减排项目。

2）联合履约机制（Joint Implementation，JI），即发达国家之间通过项目级的合作所实现的减排单位（ERU），可以转让给另一发达国家缔约方，同时在转让方的"分配数量"配额上扣减相应的额度。

3）排放贸易机制（Emission Trading，ET），即一个发达国家将其超额完成的减排义务指标，以贸易的方式转让给另一个未能完成减排义务的发达国家，并同时从转让方的允许排放限额上扣减相应的转让额度。

而在市场层面，自《京都议定书》生效后，诸多国家和地区都逐步形成碳中和的远期规划，从政策、经济等手段上控制温室气体的排放，亦使得碳排放权和减排量额度开始定额化，并变得稀缺，从而在市场上形成了一种有价值的碳资产，尤其对于发展中国家而言，《京都议定书》所提出的 CDM 机制使大量发展中国家开始参与国际碳减排项目，并摸索建立碳市场。

总体而言，《京都议定书》使碳减排从一种社会行为正式变成有制度可依的、可以产生经济效益的市场行为，碳交易市场也由此拉开了帷幕。

第三节 碳市场在中国的本土化开端

如前文所述，《京都议定书》所提出的 CDM 机制对大量的发展中国家产生了深刻的影响，我国碳市场的发展亦不例外，从总体上看，我国碳市场经历了从 CDM 时代到国内碳交易市场建设的转变。

在 CDM 时代，彼时的中国企业均响应号召积极参与 CDM 项目，仅仅通过开发项目和减排量交易，就给部分中国企业和个人带来了上亿元的收入；参与 CDM 项目也给国内市场创造了相应的人才需求，目前中国深耕低碳领域的业内人士几乎均源自当时的 CDM 发展时期。

自 2005 年 1 月 25 日中国首个 CDM 项目获得国家批准之日起，CDM 项目开发在中国经历短期的本土化经验积累后，迅速进入快速发展阶段。2007 年到 2012 年是中国 CDM 项目发展的繁荣期，其中以 2012 年为最，当年 CDM 项目的注册数目达到峰值 1 855 个，占全球全部注册项目的 49%。这一时间分布特征与《京都议定书》

第一承诺期的有效期密切相关，因为《京都议定书》于 2005 年 2 月 16 日生效，其第一承诺期于 2012 年底到期，各缔约方集中在第一承诺期到期之前加快履约进程，因此当年中国 CDM 项目的注册数量亦达到历史高位。

但 2013 年以后，全球和中国的 CDM 项目注册数出现断崖式下跌，2015 年后便再无实质项目注册，造成这一局面一方面是由于《京都议定书》政策的不连续，2012 年后联合国清洁发展机制执行理事会（CDMEB，系为实施《京都议定书》CDM 项目而专门设置的管理机构）对 CDM 项目注册实施了严格的限制政策，增加了 CDM 项目的审查和注册难度；另一方面是由于 CDM 市场的大幅震荡，欧盟作为 CDM 项目下经核证减排量（CERs）的最大买方，于 2013 年后严格限制减排量大的 CDM 项目进入欧盟碳排放交易体系（EU-ETS），宣布仅接受来自不发达国家 CDM 项目的 CERs 用于履约，这进一步加剧了 CDM 项目投资前景的不确定性，导致 CDM 碳排放配额市场价格的暴跌和 CDM 项目注册量的大幅减少。此外，以美国为首的部分发达国家相继退出《京都议定书》，也给全球气候合作进展带来了较大的冲击。

基于上述种种原因，我国开始重点转向国内碳交易市场的建设，由此开启了我国碳市场建立的序章。

碳市场的主要碳资产种类

无论是在国内碳市场还是国外碳市场，碳资产的大体类别均可划分为两类，即碳排放权和自愿减排量。碳排放权通常指行政机关基于该国控制温室气体排放目标的要求，向被纳入温室气体减排管控范围的排放单位分配的规定时期内的碳排放额度（在配额模式下）；而自愿减排量通常指项目主体依据一定的方法学，开发出温室气体自愿减排项目，经过第三方的审定和核查，依据其实现的温室气体减排量化效果所获得签发的减排量，自愿减排量可用于抵销碳排放额度的清缴。本节将分别介绍国内及国外碳市场不同碳资产的类型。

第一节　国内碳资产

参考中国证券监督管理委员会于 2022 年 4 月 12 日发布的《中华人民共和国金融行业标准：碳金融产品》的分类及各地的政策规

定，我国的碳资产主要种类如下（见表 2-1）。

表 2-1　我国的碳资产类别

碳资产类别		释义
碳排放权	中国碳排放配额（Chinese Emission Allowance，CEA）	由生态环境部门发放给纳入全国碳排放权交易市场的重点排放单位的碳排放配额
	地方碳排放配额	各试点地方生态环境部门向本区域重点排放单位发放的碳排放配额，例如北京市的 BEA、上海市的 SHEA 等
自愿减排量	国家核证自愿减排量	即对我国可再生能源、林业碳汇、甲烷利用等项目的温室气体减排效果进行量化核证，并在全国温室气体自愿减排注册登记系统中登记的温室气体减排量
	地方核证自愿减排量	根据各试点地方政策产生的适用于本区域范围内的核证自愿减排量，例如广州市碳普惠[①]产生的经核证自愿减排量（GZCER）等

① 广州市生态环境局于 2023 年 1 月 31 日颁布的《广州市碳普惠自愿减排实施办法》的规定，碳普惠即指运用相关商业激励、政策鼓励和交易机制，带动社会广泛参与碳减排工作，促使减少温室气体排放及增加碳汇的行为。

第二节　国际／国外碳资产

与国内碳资产相似，国际／国外碳资产同样可以分为碳排放权与自愿减排量两大类。如同国内碳市场的 CEA 一般，国外各碳市场的碳排放额度系当地主管部门基于国家／地区控制温室气体排放目标的要求，向被纳入温室气体减排管控范围的排放单位分配或公开拍卖的规定时期内的碳排放额度，例如欧盟碳配额（EU Allowance，EUA）、加州碳配额（California Carbon Allowance，CCA）等。

国际／国外碳市场中的自愿减排量根据签发主体的不同，主要可以分为三大类，即由国家及地区政府签发的自愿减排量，如韩国的韩国碳信用（KCU）及加州碳抵销（CCO）；政府间国际组织签发的自愿减排量，如清洁发展机制（CDM）下签发的核证减排量（CER）、联合履约机制（JI）下的减排单位；由国际非政府组织签发的自愿减排量，如核证碳标准（VCS）机制下产生的碳信用额（VCU）、黄金标准下产生的核证减排量（GS-VER）。近年来，由于节能减排以及气候变化日益受到人们的关注与认可，自愿承诺实现碳中和目标、承担保护环境的社会责任的企业也越来越多，根据联合国下属的"奔向零碳计划"（Race to Zero Campaign）的统计，截至 2024 年 12 月 31 日，全球共有 1 139 个城市、12 480 家企业、691 家金融机构、1 208 家教育机构、84 家医疗机构提出了自愿碳中和目标承诺，成为奔向零碳计划的成员。正是由于全球范围内的"自愿减排"意向越发强烈，企业减排需求持续增加，直接推动自愿减排量年需求出现爆炸式增长，据中国绿色碳汇基金会发布的《自愿碳市场 2024 年上半年回顾》，2024 年上半年全球自愿减排量市场签发的自愿减排量总量约 1.45 亿吨二氧化碳。与碳排放权不同，自愿减排量是在以限定排放上限为基础的碳排放控制体系中的有效补充，为排放企业提供了减排履约的灵活性安排，更好地促使绿色产业、节能减排技术创新的实现。笔者将按照上述分类以下列主流自愿减排标准以及相应碳市场的自愿减排量为例做简单介绍。

政府间国际组织签发的自愿减排量

1. 清洁发展机制

（1）简介

如前文所提及，清洁发展机制（CDM），是《京都议定书》中引入的三个灵活履约机制之一，根据《清洁发展机制项目运行管理办法》第二条约定，清洁发展机制是发达国家缔约方为实现其部分温室气体减排义务与发展中国家缔约方进行项目合作的机制，通过项目合作，促进《公约》最终目标的实现，协助发展中国家缔约方实现可持续发展，并协助发达国家缔约方实现其量化限制和减少温室气体排放的承诺。简而言之，即发达国家与发展中国家合作温室气体减排项目，发展中国家通过实施温室气体减排项目减少了排放量，从而获得核证减排量（Certification Emission Reduction，CER），并将核证减排量与发达国家进行交易，使得发达国家能够完成其减排承诺，通过这种项目级减排量的转让与获得，使得发达国家能够大幅降低其国内实现温室气体减排目标的昂贵支出，而发展中国家则能通过合作获得资金与技术。清洁发展机制项目签发的核证减排量可以通过场外交易签订协议并在联合国碳抵销平台注销，也可以在指定交易所场内（包括 AirCarbon Exchange、Carbon TradeXchange、CBL Market 等）进行交易。

如表 2-2 所示，清洁发展机制所涉及的项目领域包括能源工业（可再生、不可再生资源）、能源需求与分配、制造业、化工、建筑、交通、采矿 / 矿物生产、金属生产、燃料逸逸排放、废弃物处理、造林和再造林、农业等，截至 2024 年 12 月 31 日，共备案有 224 种方法学（包括 94 种适用于大型项目的方法学、25 种适用于大型联合项目的方法学、102 种适用于小型项目的方法学以及 4 种适用于林业项目的方法学），清洁发展机制项目注册数量已经超过 7 837 个，核证减排量超过 24 亿吨二氧化碳排放量。其中，中国已注册项目数量为 3 764 个，是全球最大的清洁发展机制项目来源国。

表 2-2　截至 2024 年 12 月 31 日，以项目类型划分的清洁发展机制项目数量

项目类型	已注册项目数量
能源工业（可再生、不可再生资源）	6 588
能源需求与分配	143
制造业	389
化工	118
建筑	0
交通	30
采矿 / 矿物生产	84
金属生产	13
燃料逃逸排放	130
废弃物处理	1 011
造林和再造林	64
农业	131
其他细分类型	24

资料来源：清洁发展机制项目注册检索平台。

注：由于存在某一项目同时属于多个项目类型的情况，故此处的按项目类型划分的数量合计与总项目数量存在差异，下同。

（2）运作流程

以中国国内主体参与清洁发展机制项目的流程为例，国家发展改革委连同科学技术部、外交部、财政部于 2005 年 10 月 12 日发布实施了就国内主体参与清洁发展机制项目制定的《清洁发展机制项

目运行管理办法》（并于 2011 年 8 月进行了修订），其中对在中国国内开展清洁发展机制项目的主要运作流程及要求进行了相应规范，具体如下。

1）项目实施机构⊖寻找国外合作伙伴，准备技术文件及可行性分析，并进行交易侧的商务谈判。

2）项目实施机构向项目所在地省级国家发展改革委提出清洁发展机制合作项目的申请⊜。

3）经国家发展改革委批准后，经指定经营实体⊜核证后，向联合国清洁发展机制执行理事会提交注册申请。

4）经联合国清洁发展机制执行理事会批准后，项目实施机构应按照提交注册的项目设计文件中的测试计划进行减排量监测，并编制监测报告。

5）将监测报告提交给指定经营实体，并由其到项目现场进行减排量审定与核证，指定经营实体计算并确认减排量后，出具经核证的减排量核查书面报告，证明在一个周期内，项目取得了经核查的减排量，向联合国清洁发展机制执行理事会提出申请签发核证减排量。

6）经核证的减排量核查报告在《公约》清洁发展机制网站公示15 天，如无三位以上联合国清洁发展机制执行理事会成员提出复审

⊖ 即依法对外开展清洁发展机制项目合作的中国境内的中资、中资控股企业。

⊜ 如系《清洁发展机制项目运行管理办法》（2011 年修订）附件所列中央企业，则应直接向国家发展改革委提出申请。

⊜ 即联合国清洁发展机制执行理事会指定的审定和核证机构（Designed Operational Entities, DOE），截至 2024 年 12 月 31 日，共 28 家，可在清洁发展机制指定的审定和核证机构清单中查询。

要求，联合国清洁发展机制执行理事会将对该核查期的核证减排量进行签发。核证减排量转入项目买方单位注册账户后，买方单位按照项目合同的约定向项目实施机构支付核证减排量转让款。

（3）发展历程

2004 年 11 月，世界首个清洁发展机制项目注册成功。随着 2005 年 2 月 16 日《京都议定书》的正式生效以及欧盟碳市场的不断发展，清洁发展机制项目规模日益壮大，并于 2012 年达到顶峰，核证减排量价格一度超过 20 欧元 / 吨二氧化碳排放量。但 2012 年后，由于全球经济萧条、后《京都议定书》时代减排责任未能落实以及欧盟碳市场不再接受核证减排量等多种原因，清洁发展机制项目持续萎缩，截至 2024 年 6 月 30 日，在《公约》清洁发展机制网站上列出的核证减排量出售 / 需求清单只有寥寥几单，且单价均低于 3 欧元 / 吨二氧化碳排放量。

2015 年 12 月，《巴黎协定》的签署为国际自愿减排机制的更新提供了基本的框架和思路，其中，第 6 条中提出建立一个由联合国专门机构监管的国际自愿减排量市场，允许国家之间交易自愿减排量，简称可持续发展机制（Sustainable Development Mechanism），并已于 2021 年 11 月举行的第 26 届联合国气候变化大会中初步通过。可持续发展机制下引入的国际碳市场交易机制主要有两种：第一种，第 6.2 条中约定的主要涉及通过双边或多边协议进行的国际转移减排成果（Internationally Transferrable Mitigation Outcomes）的交易，由合作国之间直接确定碳减排合作的形式和要求；第二种，第 6.4 条中约定的一个新的联合国信用机制巴黎协定信用机制

（Paris Agreement Crediting Mechanism），允许通过批准的方法学来生成自愿减排量（该减排量被称为 A6.4ER），它总体沿用了清洁发展机制下核证减排量的机制，但其在具体执行层面仍待进一步商榷与落地，在 2024 年 10 月进行的第 29 届联合国气候变化大会中，负责第 6.4 条机制监管主体已经批准了关于方法学要求标准（Standard on Methodology Requirement）以及碳清除活动标准（Standard on Activities Involving Removals），预计将于 2025 年上半年发布首个适用于巴黎协定信用机制的方法学。

2. 联合履约机制

（1）简介

联合履约机制（Joint Implement，JI）是《京都议定书》中引入的另一个灵活履约机制，即发达国家缔约方之间通过项目级合作所实现的减排单位，可以转让给另一发达国家缔约方，实现额度转让。联合履约机制与 CDM 的区别主要有两点：①联合履约机制并不能创造新的减排量，其仅是将一个国家的减排量通过项目合作的方式转让给另一个国家；而 CDM 却可以创造出新的减排量。②联合履约机制需要在《京都议定书》附件一所列的发达国家之间实行，而 CDM 中，附件一所列的发达国家可以通过在非附件一所列国家实施项目来获得核证减排量。

（2）运作流程

联合履约机制分为模式 1 与模式 2，其中模式 1 系由项目方根据项目所在国的要求与流程进行审批核验，模式 2 则由联合国下属的联合履约监管委员会按照根据《公约》联合履约机制网站中公示的联合履约机制指引文件（JI Guidelines）进行，具体流程如下。

1）项目参与方应准备相应的项目设计文件（Project Design Document），内容应包括项目参与方的同意、项目满足额外性要求、存在可适用的基准线及监测方案。

2）项目参与方将上述项目设计文件提交给经官方认证的独立主体（Accredited Independent Entity）[⊖]，由该独立主体将项目设计文件在联合履约机制网站进行公示，同时该独立主体应同步审核项目设计文件，并在公示后 45 天内做出是否批准的决定。

3）经独立主体批准项目设计文件后，项目参与方应该按照项目设计文件启动项目，并按照相应的监测计划进行监测，并制作监测报告。

4）监测报告应提交给独立主体进行审核，独立主体应公示监测报告，并在公示后 15 天内决定是否批准签发减排单位。

（3）发展历程

自联合履约机制实施以来，由于其能够极大程度减少部分发达国家的减排成本，在京都议定书第一个履约周期（2008 年至 2012 年）内受到了广泛欢迎，共有 648 个联合履约机制项目在《公约》联合履约机制网站中公示，其中，597 个项目属于模式 1，51 个项目

⊖　可在独立认证主体清单中查询。

属于模式 2。但与清洁发展机制项目类似，由于后京都议定书时代的减排责任未能有效落实，在 2014 年后联合履约机制已实际停止，未有新项目注册公示。

国际非政府组织签发的自愿减排量

1. 核证碳标准

（1）简介

核证碳标准（Verified Carbon Standard，VCS）系全球使用范围最广的第三方独立自愿减排机制，由气候组织、国际排放交易协会（International Emission Trading Association，IETA）、世界可持续发展商业委员会和世界经济论坛共同设立的总部位于美国华盛顿的非政府组织 Verra 于 2005 年创设并主管，其作为一个自愿性的计划，作用是允许通过认证的项目将其温室气体的减少和清除转化为可交易的碳信用额（Verified Carbon Units，VCU）。

如表 2-3 所示，核证碳标准已备案的方法学所覆盖的领域包括能源工业、制造业、建筑、交通、废弃物处理、采矿 / 矿物生产、农业 / 林业 / 草原 / 湿地、化工行业、能源需求与分配、燃料逃逸排放、畜牧业，总共为 11 个行业领域。所有清洁发展机制下的方法学都可以用于登记核证碳标准项目。截至 2024 年 12 月 31 日，通过 Verra 官网查询显示，已注册核证碳标准项目为 2 380 个，共认证发行相当于 13 亿吨二氧化碳排放量的 VCU。

表 2-3 截至 2024 年 12 月 31 日，以项目类型划分的核证碳标准项目数量

项目类型	已注册项目数量
能源工业（可再生、不可再生资源）	1 340
制造业	31
建筑	5
交通	24
废弃物处理	300
采矿 / 矿物生产	37
农业 / 林业 / 草原 / 湿地	296
化工行业	8
能源需求与分配	269
燃料逃逸排放	32
畜牧业	37

资料来源：核证碳标准项目注册检索平台。

（2）运作流程

Verra 官网上对于核证碳标准项目的指导手册、审核原则以及相关注册文件模板均有明确列示，核证碳标准项目的主要运作流程如下。

1）由项目方根据项目情况选择方法学，准备相应项目描述文件，并在 Verra 的注册系统中进行公示，表明项目符合所有核证碳标准要求及方法学条件。

2）30 天公示期过后，由项目方聘请经 Verra 审批通过的独立第三方审核及核证机构⊖对项目进行审定并出具审定报告。审定完成后，项目方可提交 Verra 进行注册。

3）项目注册完成后，项目方需监测与项目执行相关的关键数据，并制作监测报告，由经 Verra 审批通过的独立第三方审核及核

⊖ 可在独立第三方审核机构清单中查询。

证机构对监测报告中减排量进行核证并出具核证报告，核证完成后项目方可以向 Verra 申请核证审批，提交全套完整文件，包括项目描述文件、审定报告、审定陈述、监测报告、核证报告、核证陈述、签发陈述等。

4）Verra 批准项目核证申请后，项目方可以在 Verra 注册系统中申请签发核证减排量。

（3）转让与交易

根据 Verra 官网介绍，VCU 的所有权仅能在 Verra 登记账户之间转移，Verra 自身不进行亦不提供任何 VCU 的出售、购买或招揽服务。VCU 登记账户只能由企业或组织开立，个人投资者不能开立。VCU 的交易双方需要自行尽调以评估交易风险。如果想寻找可靠的对手方开展交易，可以联系国际组织 Green-e Climate（一个监测、认证碳零售交易及产品的非营利组织）或 ICROA（碳销售商自律组织）。

2. 黄金标准

（1）简介

全球目标的黄金标准（Gold Standard for the Global Goals, GS4GG）与核证碳标准类似，是最早的第三方独立自愿减排机制，由世界自然基金会（WWF）和其他非营利性组织于 2003 年共同建立，由黄金标准秘书处（Gold Standard Secretariat）负责日常运营。

黄金标准（Gold Standard，GS）现有独立开发的 28 个方法学，涵盖土地利用、能源效率、燃料转换、可再生能源、航运能效、废弃物处理、氢能源和碳移除八个领域。有别于核证碳标准，黄金标准可签发的核证减排量分为黄金标准核证减排量（GS Verified Emissions Reduction，GS-VER）和黄金标准认证减排量（GS Certified Emissions Reduction，GS-CER），后者可作为黄金标准所承认的清洁发展机制方法学。截至 2024 年 12 月 31 日，经黄金标准注册登记的项目为 1 893 个。以项目类型划分的黄金标准项目数量情况如表 2-4 所示。

表 2-4　截至 2024 年 12 月 31 日，以项目类型划分的黄金标准项目数量

项目类型	已注册项目数量	项目类型	已注册项目数量
能源效率	1 072	氢能源	60
造林和再造林	23	太阳能	132
生物气体	231	风能	247
生物燃料	32	其他类型	85
地热能	9	—	—

资料来源：黄金标准项目登记平台。

（2）运作流程

与 VCS 项目类似，黄金标准秘书处官网亦列示了黄金标准的指导手册、审核标准和相关文件模板，黄金标准项目主要分为项目设计与项目实施阶段，其主要运作流程如下。

1）由项目开发者确认基本的项目设计方案，根据黄金标准原则进行评估，并准备主要项目信息总结，举行黄金标准项目参与方咨询会议（Gold Standard Stakeholder Consultation Meeting）。

2）由黄金标准秘书处指定的 SustainCERT 公司核查项目开发者提供的项目资料初稿，包括参与方咨询报告、项目设计文件等。

3）待 SustainCERT 初步核查批准后，该项目状态将更新为已注册黄金标准项目（Gold Standard Project Listed），并经认证的审定及核证机构（Validation and Verification Body，VVB）[一]开展独立核查，包括书面核查与现场核查。

4）待项目取得经认证的审定及核证机构的正面审定意见后，将由 SustainCERT 就该审定意见及经审定的项目设计报告进行项目设计核查。

5）取得 SustainCERT 的项目设计认证后，项目将进入实施阶段，由项目开发者根据批准的监测计划进行项目监测。

6）由经认证的审定及核证机构对监测计划及相关支持文件进行书面及现场核证。

7）核证完成后，项目开发者向 SustainCERT 提交核证后的监测计划及核证报告，经 SustainCERT 完成执行审核后发行相应黄金标准核证减排量。

（3）转让与交易

黄金标准核证减排量与黄金标准认证减排量可以直接在黄金标准登记系统（Gold Standard Registry）交易，该系统可实现实时注销，自动生成证书。如需大规模购买，则可以直接和登记系统上公开的项目业主接洽，场外签订合同后在黄金标准登记系统交易。

除了此处列举的核证碳标准及黄金标准外，第三方独立自愿减排机制还有许多其他产品，例如美国碳登记（American Carbon

---

[一] 可在黄金标准审定及核证机构清单中查询。

Registry，ACR）、全球碳委员会（Global Carbon Council，GCC）、REDD+ 交易构架（Architecture for REDD+ Transaction，ART）等。有别于清洁发展机制及联合履约机制近年来因政策等种种原因导致相关市场萎缩，以核证碳标准及黄金标准为代表的第三方独立自愿减排机制受益于各国、地区及跨国公司对于气候变化以及碳中和目标的逐渐重视，而得到了长期而稳定的发展，成为国际碳资产中的重要组成部分。据花旗银行于 2023 年 7 月发布的关于自愿碳市场的报告统计，2022 年度第三方独立自愿减排机制产生的单一年度自愿减排量额度已达到 1.55 亿吨二氧化碳，平均价格超过 10 美元 / 吨二氧化碳，但自愿减排机制的自愿减排量有别于碳排放权，其价格根据项目年份、项目类型的不同存在较大的差异，例如植树造林、燃料转换等类型的自愿减排项目因为其可持续的减排价值以及其他额外的潜力，能够获得更高的价格（见表 2-5）。

表 2-5 2022 年度不同项目类型的自愿减排量价格表

项目类型	出售量 （百万吨二氧化碳排放量）	平价价格 （美元 / 吨）	价格区间 （美元 / 吨）
风力发电项目	12.8	1.9	0.3 ～ 18
减缓森林退化与砍伐项目	11	3.3	0.8 ～ 20
垃圾填埋甲烷项目	7.9	2	0.2 ～ 19
植树造林项目	3	7.5	2.2 ～ 20
清洁炉灶项目	3	4.9	2 ～ 20
水电站项目	1.5	1.4	0.2 ～ 8
水净化项目	1.2	3.8	1.7 ～ 9
林业管理项目	0.8	9.6	2 ～ 17.5
生物量 / 生物碳项目	0.7	3	0.9 ～ 20
工业能源效率项目	0.7	4.1	0.1 ～ 20
沼气项目	0.6	5.9	1 ～ 20

（续）

项目类型	出售量 （百万吨二氧化碳排放量）	平价价格 （美元／吨）	价格区间 （美元／吨）
社区能源效率项目	0.6	9.4	3.3～20
交通项目	0.5	2.9	2.2～6.8
燃料转换项目	0.5	11.4	3.5～20
太阳能项目	0.3	4.1	1～9.8
畜牧甲烷项目	0.2	7	4～20
地热能项目	0.1	4	2.5～8
农林间作项目	0.1	9.9	9～11

资料来源：世界银行，2022年度相关数据。

其他国家或地区签发的自愿减排量

1. 加州碳抵销

加州碳抵销是由美国加利福尼亚州（简称加州）空气资源委员会（California Air Resources Board，CARB）发行的，允许企业使用经过独立认证的自愿减排量来抵销其碳排放。然而，企业在每个履约期内能使用的自愿减排量是有限的。企业抵销的碳排放量必须小于其在本履约期履约总数乘以抵销配额的最高上限。2021～2025年，这个最高比例从8%逐步降低到4%，预计2026年起，将会再次回升到6%。[⊖]

此外，加州对抵销机制中的核证自愿减排量的使用地区有进一步的限制。如果企业使用的是无法对加州产生直接环境效益（Direct

　　⊖ 资料来源：国际碳行动伙伴组织美国加利福尼亚州碳排放交易体系介绍。

Environmental Benefits to the State，DEBS）的项目[⊖]的碳减排量进行抵销，那么这部分抵销的总比例不得超过抵销总额的 50%。抵销项目必须位于美国领土内，[⊜]并且必须来自森林、城市绿化、牧场沼气、减少破坏臭氧层物质、采矿甲烷气捕获和水稻种植这六个领域。

抵销项目的持续年限也有特定的要求。除非在履约抵销议定书[⊜]中另有规定，否则非碳封存抵销项目的持续期必须不少于 7 年，但不超过 10 年；而碳封存抵销项目[⊛]的持续期必须不少于 10 年，但不超过 30 年。

由于这些限制要求，根据路孚特数据显示，加州碳市场在最近一次已到期完成履约的 2022 年度的合规期限内的碳抵销使用量大大低于往年。在 2022 年底，市场上仍有 1 800 万吨的加州碳抵销在流通。

有别于国际非政府组织签发的自愿减排量，加州碳抵销的发行来源于相应自愿减排机制项下相应自愿减排量的转换。根据 CARB 官网的说明，首先，项目业主应当在 CARB 认可的自愿减排机制[⊝]下完成相应项目的注册及减排量签发；其次，项目业主应当向

⊖ 位于加州的项目将自动被认为对加州产生直接环境效益，在加州外实施的项目可以给予科学依据及项目数据说明是否对加州产生直接环境效益。例如，一个在加州外的造林项目可能被认定为提供对加州产生直接环境效益，因为其提升了流经加州的河流的水质。

⊜ 此前允许来自美国或其领土范围内、加拿大以及墨西哥的项目参与，自 2021 年起必须来自美国领土内。

⊜ 详见加州空气资源委员会合规抵消机制介绍。

⊛ 指以捕获碳并安全存储的方式来取代直接向大气中排放 CO_2 的技术，包括地质封存、海洋封存和化学封存。

⊝ 目前包括美国碳登记、气候行动储备（Climate Action Reserve）以及 Verra 项下的自愿核证碳标准。

CARB 提交加州碳抵销申请，CARB 将对该项目的全部文件进行全面审查，如该项目及其文件符合履约抵销议定书及其他附属规则的要求，则 CARB 将在相应的自愿减排机制取消对应减排量后发放相应的加州碳抵销，并将该项目于 CARB 官网进行公示。

2. 韩国抵销信用与韩国碳信用

韩国抵销信用（Korean Offset Credit，KOC），即韩国国内被允许用于抵销韩国碳配额的认证自愿减排量，可以通过适格的碳减排活动在韩国抵销注册系统中进行注册后获得。根据韩国碳市场阶段的不同，各排放企业使用韩国抵销信用进行抵销的机制也有所差异。

在第一阶段（2015—2017 年），只有非韩国排放交易体系内的实体实施的符合国际标准的减排活动所产生的自愿减排量才能用于抵销，包括韩国国内的清洁发展机制项目产生的核证减排量和韩国国内减排项目直接签发的抵销信用。符合上述资格的碳抵销活动包括清洁发展机制下的活动以及碳捕获和储存活动，并且必须在 2010 年 4 月中旬之后实施。在该阶段，每个排放企业最多可以使用韩国抵销信用抵销 10% 的韩国碳配额要求。

在第二阶段（2018—2020 年），韩国碳市场进一步允许排放企业使用国际减排项目产生的自愿减排量进行抵销活动。即在满足以下条件的情形下，允许各排放企业使用经 2016 年 6 月后开发的国际清洁发展机制项目产生的核证减排量转换产生的韩国碳信用（Korean Carbon Unit，KCU）：①项目公司至少有 20% 的所有权、经营权或投票股份由韩国公司拥有；②韩国实体提供的低碳技术价值至少占项目总成本的 20%。在该阶段，每个排放企业最多可以使用韩国抵销信用抵销 10% 的韩国碳配额要求（其中最多 5% 可以使用韩国碳信用）。

在第三阶段（2021—2025 年），允许使用与第二阶段相同的抵销标准。但是，在第三阶段，可使用的自愿减排量抵销份额（包括韩国抵销信用与韩国碳信用）已降至排放企业合规义务的 5%，且不再对国际自愿减排量设定单独的限制。

全球主要碳市场的发展与运行

　　放眼全球碳市场，无论是中国国内还是国外，碳市场的类型在理论上通常可划分为强制碳市场与自愿碳市场，简要而言：

　　强制碳市场是由政府机关监督的强制性系统，旨在限制特定行业的碳排放。各国政府根据各自的减排目标，将国内的碳排放权分配给相关行业的企业，如相关企业未足额使用被分配的碳排放额度，则剩余的额度可以在特定的市场上进行交易。

　　自愿碳市场通常是指市场主体为了建立品牌、履行社会责任等目的，主动进行减排项目开发并交易其所产生的自愿减排量，以达到减排或碳中和的目标。在该市场中，自愿减排量可以被开发并根据不同的标准进行核证，参与自愿减排量开发项目的主体通常没有减排履约义务，其开发所得的自愿减排量可以由那些承担强制减排义务的企业，或自愿想要抵销其排放的企业购买。

　　在实际发展过程中，自《京都议定书》打开了构建碳市场的大门后，由于国际形势的变化和各国发展的差异，在不到 20 年的时间里，不同国家的碳市场形成了各自不同的发展特色。因此以下将区分国内及国际／国外碳市场，分别介绍其目前的运行情况。

第一节　国内碳市场

碳排放配额及核证自愿减排量市场

在中国，强制碳市场主要由生态环境主管部门向纳入全国碳市场管理的重点排放单位发放的 CEA 和向纳入试点地方碳市场管理的重点排放单位发放的地方碳排放配额的交易构成。自愿碳市场则主要由 CCER 和各试点地方政策产生的核证自愿减排量的开发和交易构成。而碳排放配额的分配环节以及核证自愿减排量的开发环节，亦构成了国内碳资产的一级市场，核证自愿减排量和碳排放配额的交易，则共同构成了国内碳资产的二级市场。

1. 一级市场

（1）碳排放配额的分配

碳排放配额分配是碳排放权交易制度设计中与企业关系最密切的环节，分配方式主要包括免费分配、有偿分配以及这两种方式的混合使用[⊖]，按初始配额计算则大致包括历史排放法、历史强度法、行业基准线法（各碳市场规定的计算方法名称可能会略有出入），具体概念如表 3-1 所示。

⊖　实操中，各碳交易所亦会混合使用两种分配方式。

表 3-1 碳排放配额的各类分配方式

名称	类型	含义	优缺点	计算方式示例
分配方式	免费分配	政府直接免费发放给控排企业	优点：企业接受意愿强，政策容易推行；经济负面影响相对小。缺点：会出现寻租问题	—
	有偿分配	竞价分配：政府对碳排放配额进行竞价发放，出价高的企业获得碳排放配额。固定价格法：企业按照固定价格购买	优点：增加财政收入；避免寻租问题；分配更有效率。缺点：不易被企业接受	—
额度确定方式	历史排放法	指以纳入配额管理的单位在过去一定年度的碳排放数据为主要依据确定其未来年度碳排放配额	优点：计算方法简单，对数据要求较低。缺点：不公平，变相奖励了历史排放量高的企业；未考虑近期经济发展以及减排趋势；未考虑新公司无历史排放数据	以《上海市 2024 年度碳排放配额分配方案》的规定为例：企业年度基础配额＝历史排放基数[1]
	历史强度法	介于历史排放法和基准线法之间，是指根据历史强度值、历史强度值、减排系数等计算配额，即企业自身在过去 3 年、5 年的平均排放水平上叠加减排系数	优点：计算方法相对简单，对数据要求相对公平，变相奖励要求相对高的企业，适用于产品类型较多的行业。缺点：同样存在不公平，变相奖励历史排放量相对高的企业；未考虑新公司无历史排放数据	以《上海市 2024 年度碳排放配额分配方案》规定的工业企业为例：企业年度基础配额＝$\sum$（历史碳排放强度基数[n] × 年度产品产量[n]）[2]

| 行业基准线法（也称"标杆法"） | 指以纳入配额管理单位的碳排放效率基准为主要依据，确定其未来年度碳排放配额。即与行业中企业进行横向对比，例如将整个行业排放量较少的前15%、25%作一个行业各产品类别单一的碳基准值，在此基础上进行计算 | 优点：相对公平，为行业减排树立了明确的标杆，考虑了新老公司的排放。
缺点：计算方法复杂，所需数据要求高，行政成本高；仅适用于产品类别单一的行业 | 以《上海市2024年度碳排放配额分配方案》规定的发电企业（纯发电及供热电比小于100%）为例：
企业年度基础配额 = 单位综合供电量碳排放基准 × 年度综合供电量[3] |

---

① 历史排放基数，一般取企业2021～2023年碳排放量的平均值。当三年内企业碳排放量在100万吨及以上且累计变化量在100万吨以下，2023年碳排放量在100万吨以下或累计变化超过20%，取变化后各年碳排放量的算术平均值。

② n为产品类别。历史碳排放强度基数，一般取企业2021～2023年碳排放强度（单位产量碳排放）的加权平均值。当三年内碳排放强度变化持续上升或变化持续下降，且累计变化超过30%，取2023年碳排放强度数据。不满足上述条件，但经第三方核查机构核查且经自审定确认的2024年度各产品产量，为经第三方审查核查机构核查且经自审定确认的2024年度各产品产量，企业年度基础配额可根据原材料投入的历史碳排放强度原值和年度原材料投入量来确定。

③ 年度综合供电量 = 年度实际供电量 + 年度供热折算供电量；年度供热折算供电量按照《DL/T 1365—2014名词术语电力节能》和《DL/T 904—2015火力发电厂技术经济指标计算方法》年度的相关定义和规定计算获取（无论是否采取特许经营模式，脱硫、脱硝等环保设施消耗的电量均应计入生产厂用电量）。年度供热折算供电量根据企业年度供热折算得出。对于燃煤、燃油电厂供热，热电折算系数取 7.35×10^7 千焦/万千瓦时；对于燃气电厂供热，热电折算系数取 6.50×10^7 千焦/万千瓦时。

当前我国碳市场以免费分配配额为主，小部分配额为有偿分配，有偿分配的方式主要是竞价分配，总体的分配逻辑及趋势如下。

配额核定方法并非固定，部分行业的核定方法会不断调整。例如，深圳市行业配额分配方法在 2021 年度发生了较大变化，公交行业、港口码头行业、危险废物处理行业、地铁行业由基准强度法调整为了历史强度法；北京市 2022 年度其他发电（抽水蓄能）、电力供应（电网）两个细分行业配额核定方法由历史强度法调整为基准值法。

碳排放配额也并非每年固定，每年各地会根据应对气候变化目标、经济增长趋势、行业减排潜力、历史配额供需情况等因素，调整年度配额总量。例如，湖北由 2020 年度的 1.66 亿吨提高到 2021 年度的 1.82 亿吨；上海由 2020 年度的 1.05 亿吨提高到 2021 年度的 1.09 亿吨；广东由 2021 年度的 2.65 亿吨提高到 2022 年度的 2.66 亿吨。

碳排放配额由免费分配过渡到有偿分配是必然趋势，部分省市在近几年已持续对此进行了尝试。例如，北京绿色交易所于 2023 年 8 月 1 日就组织实施了北京市 2022 年度碳排放配额有偿竞价发放，总共 60 家单位竞价成功，该次有偿竞价计划发放总量为 150 万吨、竞价底价为 98.73 元 / 吨，最终成交总量为 150 万吨，统一成交价为 105.00 元 / 吨，成交总额为 157 500 000 元。

全国碳市场目前系采取行业基准线法免费发放配额，而基于企业历史排放的方法和行业基准线法是试点地区使用最为广泛的两种分配方法。

从初始配额分配计算方法来看，试点初期，各试点碳市场分配配额采用历史排放法，即根据企业过去 2～3 年的排放量和初步预测分配配额，部分地区对于数据条件较好、产品单一的行业，如电力、水泥等行业的企业分配配额采用行业基准线法。目前，各碳试点地方均针对不同行业或生产过程设置了不同的碳排放配额额度发放计算方式。

（2）CCER 项目开发

以国内典型的 CCER 的开发为例，我国 CCER 体系于 2012 年开始起步发展，于 2017 年 3 月曾暂停备案新的 CCER 项目（已于 2024 年 1 月正式重启）。截至 2017 年 3 月，我国审定公示的 CCER 项目总计 2 871 个，其中已备案的项目 861 个，已完成签发的项目 254 个，合计减排量 5 071.75 万吨（另有 33 个项目的 764.14 万吨减排量获得了签发批准，但尚未在 CCER 注册系统完成登记）。[一]

此外，根据全国温室气体自愿减排注册登记系统及信息平台的信息公示，在 2024 年 1 月 CCER 备案正式重启后，已陆续有数十个项目申请了公示，均以可再生能源利用及林业碳汇类型的项目为主。

以截至 2017 年 3 月 CCER 项目暂停备案之时的历史数据为基础，按照区域来划分，我国 CCER 项目在西北地区的审定公示项目最多，主要原因在于西北地区地广人稀、光照条件好、风力资源丰富，具备大批量开展清洁能源项目的良好基础；华东地区的审定公

[一] 郭敏平，中央财经大学绿色金融国际研究院，《CCER 一级市场开发情况梳理与展望》，2022 年 4 月 27 日。

示项目数位列第二，但备案率和签发率都较低，表明该地区项目主体的开发意愿较强，但 CCER 开发的投入产出效率较低；西南地区签发和备案的项目占比较高，备案率和签发率分别达到 37.91% 和 39.26%，远高于全国平均水平的 29.99% 和 29.50%（见表 3-2）。

表 3-2　截至 2017 年 3 月，按区域划分的 CCER 项目情况

地区	审定公示	已备案	已签发并登记
东北	151	66	25
		43.71%	37.88%
华北	485	150	35
		30.93%	23.33%
华东	608	149	28
		24.51%	18.79%
华南	187	48	14
		25.67%	29.17%
华中	386	123	39
		31.87%	31.71%
西北	624	162	49
		25.96%	30.25%
西南	430	163	64
		37.91%	39.26%
总计	2 871	861	254
		29.99%	29.50%

资料来源：郭敏平，中央财经大学绿色金融国际研究院，《CCER 一级市场开发情况梳理与展望》，2022 年 4 月 27 日。

注：表 3-2 的"已备案"和"已签发并登记"列中，第一行为已备案 / 签发并登记项目数，第二行为备案率 / 签发率。其中，备案率＝已备案项目数 ÷ 审定公示项目数，签发率＝已签发并登记项目数 ÷ 已备案项目数。

同样以截至 2017 年 3 月 CCER 项目暂停备案之时的历史数据为基础，按照项目类型来划分，CCER 开发中最主要的项目类型为可再生能源利用，其又可进一步细分为风力发电、太阳能发电、垃

圾焚烧发电、水力发电、生物质发电和地热供暖。CCER 项目中的农业项目则包括猪粪便沼气利用、禽类粪便利用和畜牧类粪便利用。此外，造林碳汇、低浓度瓦斯发电、工业余热利用、森林经营碳汇、热电联产等类型也均有 10 个以上的审定项目。备案项目的类型分布与审定项目分布基本一致，风力发电、太阳能发电、猪粪便沼气利用位列前三。森林经营碳汇项目受到气候、降水等不可控因素影响，项目实施过程可能与初始设计存在偏差，且项目前期产生的碳汇吸收量较少，因此截至 2017 年 3 月 CCER 备案暂停时其整体签发率较低（见表 3-3）。

表 3-3　截至 2017 年 3 月，按类型划分的 CCER 项目情况

类型	审定公示	已备案	已签发并登记
风力发电	946	337	91
		35.62%	27.00%
太阳能发电	827	166	47
		20.07%	28.31%
猪粪便沼气利用	393	118	41
		30.03%	34.75%
垃圾焚烧发电	160	20	6
		12.50%	30.00%
水力发电	134	83	32
		61.94%	38.55%
生物质发电	106	54	16
		50.94%	29.63%
造林碳汇	71	11	1
		15.49%	9.09%
垃圾填埋气发电	48	18	4
		37.50%	22.22%
低浓度瓦斯发电	43	21	5
		48.84%	23.81%

（续）

类型	审定公示	已备案	已签发并登记
工业余热利用	28	11	3
		39.29%	27.27%
森林经营碳汇	24	0	0
		0.00%	0.00%
热电联产	16	10	6
		62.50%	60.00%
其他细分类型	75	12	2
		16.00%	16.67%
总计	2 871	861	254
		29.99%	29.50%

资料来源：郭敏平，中央财经大学绿色金融国际研究院，CCER 一级市场开发情况梳理与展望，2022 年 4 月 27 日。

注：表 3-3 的"已备案"和"已签发并登记"列中，第一行为已备案 / 签发并登记项目数，第二行为备案率 / 签发率。其中，备案率 = 已备案项目数 ÷ 审定公示项目数，签发率 = 已签发并登记项目数 ÷ 已备案项目数。

（3）CCER 市场容量情况

根据我国生态环境部于 2022 年 12 月发布的《全国碳排放权交易市场第一个履约周期报告》（2019—2020 年度），第一个履约周期共有 847 家重点排放单位存在碳排放配额缺口，缺口总量约为 1.88 亿吨，第一个履约周期累计使用 CCER 约 3 273 万吨用于碳排放配额清缴抵销。通过 CCER 抵销机制，全国碳市场第一个履约周期为风电、光伏、林业碳汇等 189 个自愿减排项目的项目业主或相关市场主体带来收益约人民币 9.8 亿元。

但由于我国 CCER 签发曾暂停逾 7 年，并且生态环境部于 2023 年 10 月 24 日发布的《关于全国温室气体自愿减排交易市场有关工作事项安排的通告》明确了新老划断的规则，即 2017 年 3 月 14

日前已获得国家应对气候变化主管部门备案的CCER，可于2024年12月31日前用于全国碳排放权交易市场抵销碳排放配额清缴，2025年1月1日起不再用于全国碳排放权交易市场抵销碳排放配额清缴（但仍可在地方碳市场抵销碳排放配额清缴），因此，历史上的存量CCER将无法满足今后全国碳排放权交易市场及各地方市场的清缴需求。

在此背景下，2024年1月CCER市场的正式重启正可谓久旱逢甘霖，新备案的CCER项目及新签发并登记的CCER预计将有效缓解我国CCER长期供不应求的状况。

2. 二级市场

（1）交易规模

从国内二级市场来看，我国的碳交易市场以碳排放配额交易为主，自愿减排量（即CCER及各地核证自愿减排量）交易为重要补充。

就碳排放配额而言，根据iFinD的数据显示，截至2024年6月28日，全国碳排放权交易市场及8个试点地方交易所[⊖]自开市以来的碳排放配额累计成交量及累计成交额情况如表3-4与图3-1所示。

表3-4　全国及地方碳市场碳排放配额累计成交量及累计成交额情况

市场（碳排放配额产品）	碳排放配额累计成交量 （单位：吨）	碳排放配额累计成交额 （单位：元）
全国碳排放权交易市场（CEA）	463 631 815.00	26 840 734 275.46
北京绿色交易所（BEA）	18 760 263.00	1 310 126 113.85

⊖　四川联合环境交易所不进行配额交易，只有CCER交易。

（续）

市场（碳排放配额产品）	碳排放配额累计成交量 （单位：吨）	碳排放配额累计成交额 （单位：元）
天津排放权交易所（TJEA）	21 604 203.00	612 563 219.72
上海环境能源交易所（SHEA）	23 941 602.40	896 070 150.53
重庆联合产权交易所（CQEA）	11 065 550.00	141 866 144.82
湖北碳排放权交易中心（HBEA）	93 475 608.22	2 297 183 117.92
广州碳排放权交易中心（GDEA）	125 794 159.96	4 417 314 689.13
深圳绿色交易所（SZEA）	56 477 335.65	1 640 407 188.95
福建省海峡股权交易中心（FJEA）	48 653 051.19	1 090 233 697.45
总计	863 403 588.42	39 246 498 597.83

资料来源：iFinD。

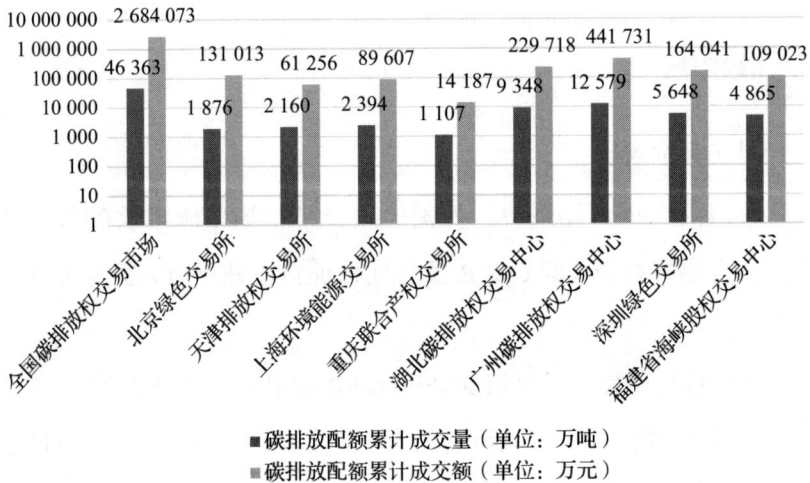

图 3-1　全国及地方碳市场碳排放配额累计成交量及累计成交额情况

资料来源：iFinD。

从上述数据不难看出，从碳排放配额成交量及成交额层面，全国碳排放权交易市场遥遥领先于地方试点碳市场，主要原因其实在于按照全国碳市场的设计，地方试点碳市场纳入管控的传统高耗能、高排放行业也是全国碳排放权交易市场管控的行业，在全国碳排放权交易市场将电力行业纳入管控后，原先在地方试点碳市场纳入管控的电力企业已经进入全国碳排放权交易市场，不再受地方试点碳市场的约束，这也直接导致了全国碳排放权交易市场的碳排放配额交易规模大幅领先于地方试点碳市场。并且，随着未来全国碳排放权交易市场管控范围的不断扩大，地方试点碳市场管控的传统高耗能、高排放行业将进一步脱离地方试点碳市场，进入全国碳市场，因此可以预见未来全国碳排放权交易市场的碳排放配额交易规模与地方试点碳市场碳排放配额交易规模的差距亦将进一步扩大。

就自愿减排量而言，以 CCER 为例，根据中央财经大学绿色金融国际研究院于 2024 年 1 月 30 日发布的《2023 中国碳市场年报》，我国 2018 ～ 2023 年各年度的 CCER 总成交量情况如图 3-2 所示。

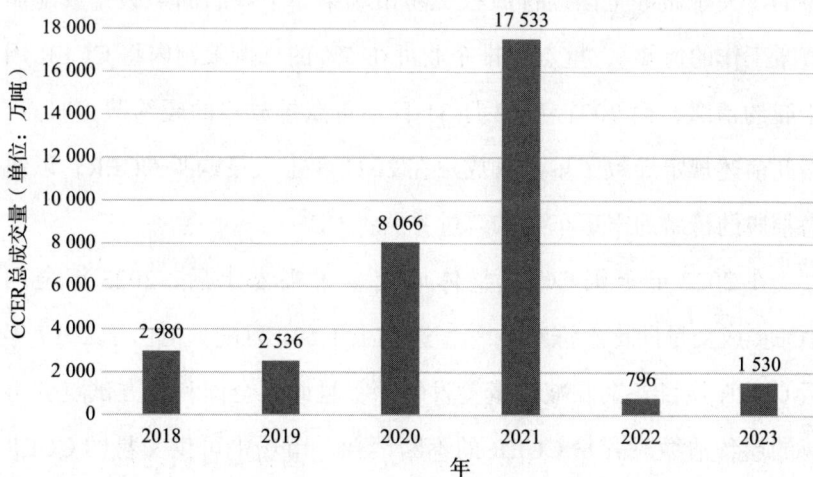

图 3-2　2018 ～ 2023 年各年度的 CCER 总成交量情况

整体来看，2022 年度全国 CCER 总成交量为 796 万吨，相较于 2021 年骤降约 95%，原因主要在于：

1）全国碳市场在 2022 年度无 CCER 清缴抵销的需求。根据《2021、2022 年度全国碳排放权交易配额总量设定与分配实施方案（征求意见稿）》，2021—2022 年度实际排放量的履约工作在 2023 年底进行，2022 年底无须清缴配额或 CCER，并导致市场 CCER 持有主体更倾向于保有存量 CCER。

2）市场中存量 CCER 数量告急。据生态环境部发布的《全国碳排放权交易市场第一个履约周期报告》的统计，第一个履约周期内共有 3 273 万吨 CCER 被用于配额清缴抵销，市场中剩余的可流通 CCER 数量约为 1 000 万吨，远低于第一个履约周期的可流通数量。

3）2021 年末为履约高峰期。根据生态环境部 2021 年 10 月发布的《关于做好全国碳排放权交易市场第一个履约周期碳排放配额清缴工作的通知》，重点控排企业可在 5% 的比例限制内将 CCER 用于履约清缴，而 2021 年 12 月 31 日系重点排放户的履约截止时点，因此前述规定导致了重点排放户在 2021 年末大量购买 CCER，以便搭乘履约清缴的末班车寻求"过关"。

在 2022 年全国 CCER 整体成交量大幅缩水后，2023 年全国 CCER 成交量同比上涨约 92%，达到了 1 530 万吨。但由于 2017 年后 CCER 项目备案和减排量签发暂停，且此后全国和地方试点碳市场的履约清缴对存量 CCER 的不断消耗，市场中可供交易的 CCER 数量越来越少，这就导致了 2023 年全国 CCER 的成交量仍显著低于 2018～2021 年的平均水平，但随着 2024 年 1 月 CCER 项目备案及减排量签发的再次"开闸"，笔者预计全国 CCER 成交总量及活跃度在未来几年内将会有明显改善。

而从 CCER 成交的地域分布来看，2023 年的 CCER 成交主要集中于上海环境能源交易所、天津排放权交易所、四川联合环境交易所和北京绿色交易所，分别为 786.1 万吨、280.6 万吨、214.3 万吨和 124 万吨，合计占 2023 年全国 CCER 成交总量的近 92%。具体可参见图 3-3。

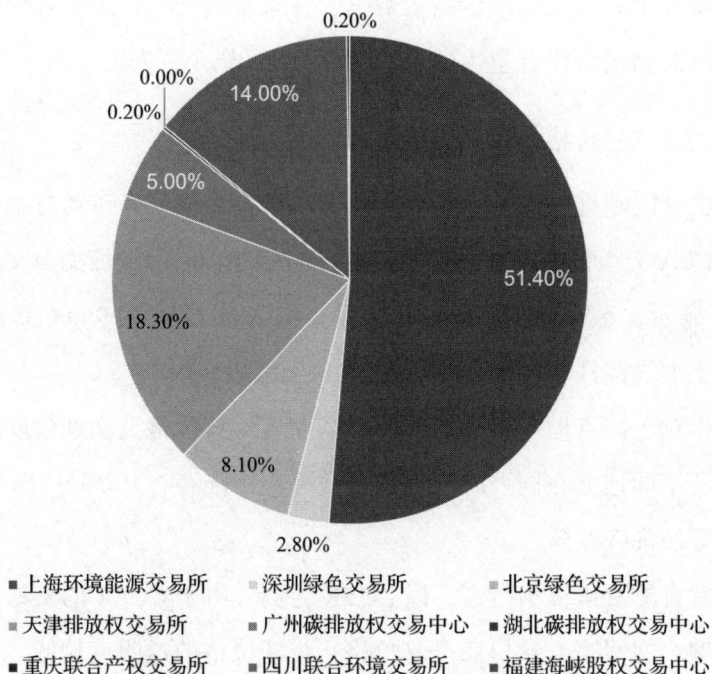

0.20%
0.00%
0.20%
14.00%
51.40%
5.00%
18.30%
8.10%
2.80%

- 上海环境能源交易所　　■ 深圳绿色交易所　　　　■ 北京绿色交易所
- 天津排放权交易所　　　■ 广州碳排放权交易中心　■ 湖北碳排放权交易中心
- 重庆联合产权交易所　　■ 四川联合环境交易所　　■ 福建海峡股权交易中心

图 3-3　各地方市场 2023 年 CCER 成交量占比（%）

注：占比较低的交易所在饼图中无法显示。

资料来源：《2023 年中国碳市场年报》，中央财经大学绿色金融国际研究院。

　　总体来看，作为碳排放配额市场的补充，CCER 交易体量相对较小且成交量分布不均，在 CCER 重启前，市场活跃度也并不高，市场主体购买 CCER 也主要系清缴履约目的，尤其是在全国碳排放权交易市场启动前，各个地方试点碳市场碳排放配额比较充分且需求不大，控排企业无须花费过多的代价购买碳排放配额就能够轻松"过关"，因此作为补充机制的 CCER 市场活跃度不高也自然在情理之中。但若未来全国碳交易市场扩容至建材、钢铁、有色金属等八个行业，对应的 CCER 需求量亦会水涨船高。根据复旦大学可持续发展研究中心公布的碳价指数数据，在未来碳交易市场扩容后对应的 CCER 市场规模有望达到 197.8 亿～ 226 亿元，未来可期。

（2）交易价格

　　就全国碳排放配额市场而言，全国碳排放权交易市场自上线至今，CEA 交易价格整体呈现稳中有升的态势，上海环境能源交易所数据显示，截至 2024 年 6 月 28 日，CEA 收盘价为 90.66 元 / 吨，相较于上线首日 51.23 元 / 吨的收盘价上涨近 80%。

　　而对于试点地方碳排放配额市场而言，其价格及涨跌幅度差异极大，不同地方在同一时期的碳排放配额可能存在从 20 ～ 100 元 /吨不等的价格差异。

　　就自愿减排市场而言，以 CCER 为例，由于 CCER 的交易相关方普遍会在线下直接协商交易价格，市场价格的透明度较低，其价格取决于 CCER 项目的类型、地域和时间，而北京、上海、广州市场的 CCER 价格普遍更高。

根据德邦证券发布的研究报告，2022 年下半年，由于 CCER 市场重启时间仍不明确，供给的短缺导致市场预期 CCER 持续上涨，CCER 价格一度高于 CEA 价格，存在价格"倒挂"，但随着 CCER 市场的重启以及快速回温，CCER 价格预计将逐步向合理区间回归，按照国际市场的经验，通常的自愿减排量的价格大致应是碳排放权价格的 75%～80%，笔者相信我国市场的 CCER 价格与碳排放配额价格的关系也将逐步跟国际接轨。

碳金融市场

碳金融市场指金融化的碳市场。在国内比较严格的金融管制环境下，碳市场的金融化发育程度还很低；而我国在目前的产业发展阶段，同时又面临着远远超过欧美的低碳转型压力，迫切需要发挥市场在资源配置中的决定性作用，通过价格信号更好地引导节能减排和低碳投资。因此，强调突出我国碳市场的金融化属性，并在安全合规的前提下不断提升碳市场的金融化程度，在未来很长一段时间内都具有重要的现实意义。[一]

相比于碳排放配额、自愿减排量的现货碳交易市场，碳金融市场的交易标的主要系各类碳金融产品；参考中国证券监督管理委员会于 2022 年 4 月 12 日发布的《中华人民共和国金融行业标准：碳金融产品》中的定义，碳金融产品即建立在碳排放权交易的基础上，服务于减少温室气体排放或者增加碳汇能力的商业活动，以碳配额和碳信用等碳排放权益为媒介或标的的资金融通活动载体，这些金

[一]　中国金融学会绿色金融专业委员会、北京环境交易所，《中国碳金融市场研究》。

融活动载体通常以融资工具的形式出现，如表 3-5 所示。

表 3-5　我国碳金融产品主要类型

碳金融产品类别	典型产品（不完全列举）	基本含义
碳市场融资工具	碳债券	发行人为筹集低碳项目资金向投资者发行并承诺按时还本付息，同时将低碳项目产生的碳信用收入与债券利率水平挂钩的有价证券
	碳资产抵质押融资	碳资产的持有者（即借方）将其拥有的碳资产作为质物/抵押物，向资金提供方（即贷方）进行抵质押以获得贷款，到期再通过还本付息解押的融资合约
	碳资产回购	碳资产的持有者（即借方）向资金提供机构（即贷方）出售碳资产，并约定在一定期限后按照约定价格购回所售碳资产以获得短期资金融通的合约
	碳资产托管	碳资产管理机构（托管人）与碳资产持有主体（委托人）约定相应碳资产委托管理、收益分成等权利义务的合约
碳市场交易工具	碳远期	交易双方约定未来某一时刻以确定的价格买入或者卖出相应的以碳排放配额或碳信用为标的的远期合约
	碳期货	期货交易场所统一制定的、规定在将来某一特定的时间和地点交割一定数量的碳配额或碳信用的标准化合约
	碳期权	期货交易场所统一制定的、规定买方有权在将来某一时间以特定价格买入或者卖出碳排放配额或碳信用（包括碳期货合约）的标准化合约
	碳互换	交易双方以碳资产为标的，在未来的一定时期内交换现金流或现金流与碳资产的合约
	碳借贷	交易双方达成一致协议，其中一方（贷方）同意向另一方（借方）借出碳资产，借方可以担保品附加借贷费作为交换（碳资产的所有权不发生转移。目前常见的有碳配额借贷，也称借碳）
碳市场支持工具	碳指数	反映整体碳市场或某类碳资产的价格变动及走势而编制的统计数据（碳指数既是碳市场重要的观察指标，也是开发指数型碳排放权交易产品的基础，基于碳指数开发的碳基金产品，列入碳指数范畴）
	碳保险	为降低碳资产开发或交易过程中的违约风险而开发的保险产品（目前主要包括碳交付保险、碳信用价格保险、碳资产融资担保等）
	碳基金	依法可投资碳资产的各类资产管理产品

目前在全国碳排放权交易市场尚未推出碳远期、碳期货等碳金融产品，且全国碳排放权交易市场尚未就全部交易产品对金融和投资机构完全放开，因此大规模的碳金融产品交易尚无法展开。

而在地方试点碳市场，各试点交易所近年来先后推出了 20 余个碳金融产品，包括碳远期、碳互换、碳债券、碳基金等场外衍生品。根据《中华人民共和国期货和衍生品法》的规定，期货交易应当在依法设立的期货交易所或者国务院期货监督管理机构依法批准组织开展期货交易的其他期货交易场所，采用公开的集中交易方式或者国务院期货监督管理机构批准的其他方式进行。禁止在期货交易场所之外进行期货交易，而我国现有试点地方碳交易所均不具有期货交易资格，因此各地方碳交易所纷纷从远期产品入手，探索碳金融衍生品的开发。目前，上海、湖北碳市场的碳远期产品均为标准化的合同，采取线上交易，已经接近期货的形式和功能。

综合来看，我国目前的碳金融市场规模较小且流动性不足。其次，受交易主体碳资产管理意识欠缺、碳排放权法律认可模糊等影响，碳金融产品的成交量很小，金融机构创新碳金融产品、参与碳金融市场的动力也比较匮乏。这些情况有待在碳市场扩容后逐渐改善。

第二节　国际 / 国外碳市场的发展与运行

而放眼国际 / 国外碳市场，根据国际碳行动伙伴组织（ICAP）于 2024 年 4 月发布的《全球碳市场进展 2024 年度报告》，截至

2024 年 1 月，全球共有 36 个碳市场正在运行，有 12 个司法辖区正在建设或正在考虑建设碳市场，碳市场所涵盖的全球碳排放比例已达到 18%，通过碳排放权拍卖等方式，各国家 / 地区的碳市场在 2023 年为各个司法辖区贡献了超过 740 亿美元的收益。

以下主要以目前发展较为成熟且对我国碳市场建设具有较大借鉴意义的欧盟碳市场、北美区域碳市场（包括区域温室气体减排行动（RGGI）及加州和魁北克碳市场）以及亚洲首个国家级碳市场韩国碳市场为例进行介绍。

欧盟碳市场

1. 简介

1998 年，欧洲能源市场开启了自由化改革之路。这一年可谓欧洲能源市场正式走向自由化的元年；其后，电力、天然气以及后来的碳排放权市场（碳交易）都跟随能源交易的脚步经历了漫长的改革。实际上，欧盟在建立碳市场进行碳相关产品的交易之前就已经设立了能源交易所。2002 年，欧洲能源交易所由莱比锡能源交易所和法兰克福欧洲能源交易所合并而成，总部在德国，是欧洲核心能源交易所之一。在早期，欧盟的能源交易所繁多，主要有欧洲能源交易所（EEX）、欧洲气候交易所（ECX）、欧洲环境交易所（BlueNext）、北欧电力交易所（Nordpool）。我们可以认为欧盟碳交易市场的前身便是这些能源交易所。

而自《京都议定书》签署后，欧洲议会于 2003 年 10 月通过 2003 年第 87 号指令（Directive 2003/87/EC），建立了以限额—交易（Cap & Trade）为核心机制的欧盟温室气体排放配额交易市场（the European Union System for Greenhouse Gas Emission Allowance Trading，EU-ETS）。2005 年，欧洲能源交易所、欧洲气候交易所等欧洲交易所基于 EU-ETS 正式开启碳排放权交易，欧盟碳市场正式拉开帷幕，而经历多年发展后，北欧电力交易所、欧洲环境交易所由于各种原因已经不再进行欧盟碳排放权的交易，而 2014 年洲际交易所收购了欧洲气候交易所，于是最后形成了由洲际交易所和欧洲能源交易所并行的格局。目前，欧盟碳市场是世界上规模最大、交易最活跃的碳市场，已有 30 个不同国家的超 1.2 万个企业和其他碳排放单位参与交易，覆盖行业含工业、电力和民航，涵盖了欧盟约 40% 的温室气体排放。主要交易产品包括欧盟碳配额、欧洲航空碳排放配额（European Aviation Allowance，EUAA）及其相关的金融衍生品。

欧盟碳市场自 2005 年正式开启以来，已完成了三个阶段，目前正处于第四阶段，根据每个阶段的减排目标和经济环境、实践经验，欧盟碳市场的配额分配方式一直在变化和演进。不同阶段的基本情况如表 3-6 所示。

2. 欧盟碳市场的主要分配和调节机制

欧盟碳市场的核心分配原则是总量控制，配额总量逐年递减。在第一阶段与第二阶段，欧盟碳市场采用"自下而上"的分配方式，由成员国编写国家分配计划（National Allocation Plans，NAPs）并公布本国的配额分配计划。与我国碳市场类似，欧盟碳配额的分配

表 3-6 欧盟碳市场各阶段简介

阶段	第一阶段 （2005—2007 年）	第二阶段 （2008—2012 年）	第三阶段 （2013—2020 年）	第四阶段 （2021—2030 年）
减排目标	达成《京都议定书》第一承诺期减排要求，建立基础设施和碳市场	在 1990 年基础上减少 8% 温室气体排放	在 1990 年基础上减少 20% 温室气体排放	在 1990 年基础上减少 40% 温室气体排放
覆盖行业	电力、工业	电力、工业、航空业（欧盟范围内）	在第二阶段基础上进一步扩大工业部门	与第三阶段一致
温室气体	CO_2	CO_2、N_2O	CO_2、N_2O、OFCs	与第三阶段一致
年总量设定	22.36 亿吨二氧化碳	20.98 亿吨二氧化碳	到 2013 年降至 20.84 亿吨二氧化碳 / 年、之后每年减少 1.74%	每年减少 2.2%
配额分配方式	95% 配额免费分配	90% 配额免费分配	电力行业 100% 拍卖；工业行业 2013 年免费分配 80%	电力行业 100% 拍卖；总配额的 40% 免费分配，至 2026 年降至 0%
处罚	超标排放 40 欧元 / 吨二氧化碳	超标排放 100 欧元 / 吨二氧化碳	超标排放 100 欧元 / 吨二氧化碳	进一步依据欧洲消费者价格指数进行调整

资料来源：李威，中国人民银行海口中心支行，《欧盟碳排放权交易体系对我国碳市场发展的借鉴与启示》，海南金融，2023 年第 4 期。

主要有三种方式：免费分配、拍卖或者混合方式（即免费分配与拍卖相结合）。免费分配欧盟碳配额的好处是容易被减排企业接受，因为减排企业不必付出成本就获得了欧盟碳配额。因此，采用免费的欧盟碳配额分配方式有助于碳排放交易体系的推行。但是正因为是免费分配而不是企业根据生产状态自己购入的，一方面可能会导致分配的欧盟碳配额与企业实际碳排放量出现偏离，使欧盟碳配额的供求失衡，另一方面对企业减排的约束力也会减弱。

在欧盟碳市场的第一阶段和第二阶段，企业获得的欧盟碳配额主要是以免费分配的方式获得的。欧盟委员会规定在第一阶段（2005—2007年），欧盟碳排放交易体系免费分配的欧盟碳配额应该占配额总额的95%，但是由于第一阶段各个成员国自主决定给本国行业和企业的配额分配，所以实际免费发放的欧盟碳配额占到了配额总额的99%。

而第二阶段（2008—2012年）欧盟碳市场免费分配的欧盟碳配额应占总额的90%，但是由于第二阶段与第一阶段相同，仍是由各个成员国决定给本国行业和企业的欧盟碳配额分配，所以实际免费发放的欧盟碳配额占到了欧盟碳配额总额的96.6%。然而，由于NAPs的编制缺乏透明度和一致性，可能导致不同成员国产业间的竞争扭曲。

基于上述原因，从第三阶段（2013—2020年）开始，欧盟委员会掌握了制定并分配欧盟碳配额总量的权力。其中，88%的欧盟碳配额基于其在第一阶段中的排放量被分配给欧盟各成员国，10%的欧盟碳配额被分配给其中16个低收入成员国，剩余2%的欧盟碳配额则被分配给相较于 1990 年已减排超过 20% 的成员国作为奖励。

　　而到了第四阶段（2021—2030 年），欧盟碳配额的免费分配进一步减少至 40%，至 2026 年将全部由拍卖形式进行。其中，电力行业将率先实行 100% 欧盟碳配额拍卖制度。

　　除了施行简单的分配制度外，为了解决早期阶段发生的欧盟碳配额过剩问题，欧盟委员会还引入了折量拍卖（Back-loading of Auction）及市场稳定储备（Market Stability Reserve，MSR）两种稳定机制。

　　折量拍卖是解决欧盟碳配额过剩的短期机制，其思路是通过转移近期拍卖欧盟碳配额总量至远期，从而实现削减近期欧盟碳配额供给，在未来逐步将削减的部分放入市场。这种方法并不会从总量上调节供给，但是有助于在短期内调节供给结构。通过折量拍卖机制，欧盟委员会将 2014 年 4 亿吨、2015 年 3 亿吨、2016 年 2 亿吨欧盟碳配额，推迟到 2019—2020 年拍卖。然而在这 3 个年份留存的 9 亿吨欧盟碳配额，并没有按照上述计划进行拍卖，而是转存入市场稳定储备。市场稳定储备机制则成为了解决欧盟碳配额过剩问题的长期机制，于 2019 年 1 月正式启动。市场稳定储备机制采用事先定义规则，按照预先确定的规则运作，委员会或成员国在执行时不得酌情处理。每年 5 月 15 日前，欧盟委员会都会通过计算市场中流通欧盟碳配额的总量制订储备执行计划，决定当年要将多少欧盟碳配额纳入储备当中，或者从储备中释放多少欧盟碳配额。欧盟委员会规定，如果市场中流通欧盟碳配额超过 8.33 亿吨的门槛，则 24% 的流通欧盟碳配额将在未来一年的拍卖中撤出并被存入稳定储备机制中。若流通欧盟碳配额的总量低于 4 亿吨且连续六个月以上的欧盟碳配额价格比前两年的平均价格高出三倍，则稳定储备机制中将有 1 亿吨欧盟碳配额通过拍卖方式释放到市场中。自 2023 年起市场稳定储备机制中持有的超过上一年度拍卖量的欧盟碳配额将自动失效。

市场稳定储备机制不仅能够通过吸收或释放欧盟碳配额储备的方式来缓解欧盟碳配额在市场流通过程中的供需关系，可以调节市场碳价对企业减排的指导作用，还有助于平抑市场因外部冲击导致的巨大波动，减缓企业在运营中因减排成本波动带来的风险。[一]

3. 欧盟碳市场发展中的挑战与应对

尽管欧盟碳市场是目前全球历史最久、最成熟的碳市场，但其发展过程并非一帆风顺，亦遇到了一些挫折，主要包括以下问题。

首先是第一阶段及第二阶段中欧盟碳配额发放过度导致欧盟碳配额供需失衡，引发碳价格崩溃的问题。一方面，由于欧盟碳市场交易体系正式启动前，各国并不需要监测排放量，导致在欧盟碳市场第一阶段开始运行时并没有关于欧盟排放量的历史数据，使得在碳市场交易开始后的第二年才第一次官方公布各成员国的碳排放数据。另一方面，欧盟在国家分配计划中系采用"祖父法则"[二]分配各成员国的免费欧盟碳配额总量，由于缺乏可靠的官方历史数据，各成员国在制订国家分配计划时，为了本国企业利益，均有意高估其

[一] 殷子涵、王艺熹、吉苏燕，《欧盟碳排放权及其衍生品市场发展历程》，金融科技研究院研究报告，2022。

[二] 即使用历史基线年数据分配固定数量配额。

碳排放数据，造成欧盟碳配额总量高于实际排放量的情况，进而导致欧盟碳配额严重供大于求，引发欧盟碳配额下跌，叠加欧盟碳市场在第一阶段中并不允许将未用完的欧盟碳配额在下一阶段继续使用，因此在2007年末欧盟碳市场的欧盟碳配额价格一度跌至零元。随着第二阶段及第三阶段中，欧盟碳市场允许欧盟碳配额沿用至下一阶段，以拍卖方式分配欧盟碳配额逐渐成为主流，同时，欧盟进一步收紧了欧盟碳配额总量，欧盟碳市场的欧盟碳配额价格有了显著提升，且于2023年3月一度超过100欧元/吨二氧化碳排放量。

其次是交易成本较高的问题。较高的交易成本可能导致碳市场无法发挥其在减排计划中的预期作用，例如，欧盟碳市场的拍卖准入门槛较高，企业需要雇用经认证的交易员参与拍卖，对中小企业来说成本高昂，参拍意愿很低。因此，欧盟碳市场通过建设二级市场以及第三方服务机构，让中小企业能够以较低成本获得欧盟碳配额。

最后是风险监管问题。在欧盟碳市场中，无论是一级市场中自愿碳减排项目的质量良莠不齐，抑或是二级市场中的内幕交易、操纵市场、配额盗窃、洗钱、偷税漏税等问题，均需要由政府建立相应的监管机制，有效利用金融监管体系，设立适当的豁免和信息披露规则。

北美碳市场

1. 简介

美国作为全球最大的碳排放国之一，在应对全球气候变化方面亦承担相应的责任，但美国在此议题上摇摆不定，导致美国联邦层面碳减排行动较为缓慢，一直无法建立全国层面的碳市场。但是这并没有影响美国各州/地方政府自主施行或与其他国家地区共同施行碳排放治理的积极性，因此北美碳市场主要由两个区域碳市场构成，即区域温室气体减排行动和加州碳市场（加州和魁北克碳市场）[⊖]。

（1）区域温室气体减排行动

2005年，美国东北部10个州（包括康涅狄格州、特拉华州、缅因州、马里兰州、马萨诸塞州、新罕布什尔州、新泽西州、纽约州、罗得岛州、佛蒙特州）[⊜]共同签署应对气候变化协议，建设美国首个强制性碳排放权交易体系，并于2009年正式开始运营，致力于在2030年相较于2020年缩减30%的碳排放量。区域温室气体减排行动由各参与州以RGGI指导性条例为原则编制其各自的二氧化碳排放计划，用以限制各州25兆瓦以上的火电部门的碳排放。2023年，区域温室气体减排行动（RGGI）的总碳排放额度为93 367 454短吨[⊝]二氧化碳排放量，全部以每季度拍卖的方式进行分配，拍卖的平均价格为12.81美元/短吨二氧化碳排放量。

（2）加州和魁北克碳市场

加利福尼亚州州长分别在2006年、2017年先后签署了《全

⊖ 加州与加拿大魁北克省于2013年9月签署《加州空气资源委员会与魁北克政府关于协调和融合消减温室气体的碳排放交易体系合作协议》，为合作提供总体性框架和指导，构建咨询委员会以监督和协调双方市场，约定双方碳交易市场于2014年实现对接合作。因此后续被称为"加州和魁北克碳市场"。

⊜ 弗吉尼亚州于2021年加入并于2024年退出。

⊝ 1短吨≈907.185千克。

球气候变暖解决方案法案》（Global Warming Solution Act，亦称为AB32 法案）以及 AB398 法案，确定了 2020 年、2030 年和 2050 年温室气体排放缩减目标，并将加州碳交易体系确定为核心减排措施之一，2012 年底首次进行了加州碳配额拍卖，并于 2013 年正式启动加利福尼亚州碳交易体系。此后，于 2014 年，加利福尼亚州碳市场与加拿大魁北克省碳市场实现对接合作，就碳排放权与自愿减排量实现互认，使用统一的登记系统、拍卖平台，市场运作与市场管控信息共享，但彼此在管理上独立。

不同于区域温室气体减排行动，加州和魁北克碳市场涵盖的行业范围更广，包括大型工业设施（如水泥、玻璃、氢气、钢铁、铅、石灰制造、硝酸、石油和天然气系统、石油精炼、纸浆和造纸制造、共有热电联产设施）、发电、电力进口。加州和魁北克碳市场采取免费分配与拍卖结合的方式分配加州碳配额，免费分配依据基准线法[⊖]确定分配额度，拍卖则是通过设置拍卖底价（根据具体经济情况灵活变化）和配额价格调控储备（Allowance Price Containment Reserve，APCR）机制来确定，促进碳价长久稳定且合理。区域温室气体减排行动与加州和魁北克碳市场对比如表 3-7 所示。

表 3-7　区域温室气体减排行动与加州和魁北克碳市场对比

项目	区域温室气体减排行动	加州和魁北克碳市场
中期减排目标	在 2030 年相较于 2020 年减排 30%	2030 年相较于 1990 年减排 48%
碳中和目标	暂无碳中和目标	加州 2045 年实现碳中和、魁北克 2050 年实现碳中和

⊖ 基准线法由 28 种不同类型的指标和 3 个备用基准值组成，通过具体的计算公式计算分配额度，考虑行业基准值、三年移动平均产量、工业泄露系数和上限下降系数。

（续）

项目	区域温室气体减排行动	加州和魁北克碳市场
启动时间	2009 年 1 月	2013 年 1 月
运行阶段	第一阶段：2009—2011 年 第二阶段：2012—2014 年 第三阶段：2015—2017 年 第四阶段：2018—2020 年 第五阶段：2021—2023 年 第六阶段：2024—2026 年	第一阶段：2013—2014 年 第二阶段：2015—2017 年 第三阶段：2018—2020 年 第四阶段：2021—2023 年 第五阶段：2024—2026 年
区域	美国东北地区：康涅狄克州、特拉华州、缅因州、新罕布什尔州、马萨诸塞州、纽约州、马里兰州、罗得岛州、佛蒙特州及新泽西州	美国加利福尼亚州、加拿大魁北克省
控排范围	火力发电行业的 228 个排放单位，涵盖该地区排放总量的约 18%	电力、工业、交通、建筑行业的 600 余个排放单位，涵盖该地区排放总量的约 80%
配额总量	2009—2011 年：1.88 亿短吨 / 年 2012—2013 年：1.65 亿短吨 / 年 2014—2020 年：从 0.83 亿短吨 / 年线性降低至 0.74 亿短吨 / 年 2021 年：因弗吉尼亚州加入，提高为约 1.01 亿短吨 2022 年：0.97 亿短吨 2023 年：降低至 0.93 亿短吨 2024 年：降低至 0.69 亿短吨	2015—2020 年：每年下降 3.2% ～ 3.5% 2021—2023 年：每年下降 4% 2024—2026 年：每年下降 4.2% ～ 4.8%
配额分配	全部拍卖	从基准线法免费分配逐步过渡到拍卖
自愿减排量机制	允许企业使用自愿减排量完成 3.3% 履约责任；仅允许使用美国国内项目产生的自愿减排量	允许企业使用自愿减排量完成 4% 履约责任；仅允许使用美国国内项目产生的自愿减排量

2. 北美碳市场的主要分配及调节机制

与欧盟碳市场不同，北美区域碳市场启动时间相较于欧盟碳市场更晚，因此其分配方式也充分借鉴了欧盟碳市场发展过程中的经验。

　　就区域温室气体减排行动而言，其碳市场的碳排放量一开始便全部使用季度拍卖方式进行，2023 年的拍卖底价设置为 2.5 美元 /短吨二氧化碳排放量，未来每一年增加 2.5%。与欧盟碳市场的市场稳定储备机制类似，2014 年，区域温室气体减排行动便建立了成本控制储备（Cost Containment Reserve，CCR）机制，由一部分总限额外的碳排放量预留而成，这些预留的碳排放量仅在拍卖的碳排放权价格达到一定触发价格时被释放到市场中。2021 年起，由成本控制储备机制提供的碳排放额度占区域总限额的 10%，触发价格在 2023 年设定为 14.88 美元 / 短吨（未来每年增长 7%），在此前的第三阶段（2017—2020 年）中，该价格期初为 10 美元，并以每年2.5% 的速度进行增长。成本控制储备机制分别于 2014 年、2015 年及 2022 年的最后一季度中被触发。2021 年时，区域温室气体减排行动进一步提出了排放控制储备（Emission Containment Reserve，ECR）机制。在排放控制储备机制下，如果满足一定的拍卖触发价格，则分配给参与州的不多于现年度 10% 的碳排放量将被直接撤销，这部分被撤销的碳排放量将不再被用于拍卖或以任何方式进行分配，以达到直接降低相应地区排放量的效果。值得一提的是，缅因州、新罕布什尔州并未参与排放控制储备机制。

　　就加州和魁北克碳市场而言，其与欧盟碳市场的机制比较类似，系以免费分配与拍卖结合的分配形式为基础，同时伴有一定的储备保留机制。免费分配主要针对工业以及配电企业。其中，能源密集出口型行业（Energy-Intensive and Trade-Exposed Industries，EITE）为避免碳泄漏问题至 2030 年前均可通过免费分配方式取得碳排放额度，但具体碳排放额度每年下降 4%。与此同时，公共服务设施、大学、垃圾发电等均可获得免费分配碳排放额度。

　　加州和魁北克碳市场的拍卖及预留机制相较于区域温室气体减排行动与欧盟碳市场设计更为复杂，同时设置了拍卖底价和配额价格调控储备机制。一方面，拍卖底价是决定拍卖池中碳排放量的一个重要指标，加州和魁北克碳市场每一季度举行一次拍卖，每次拍卖设置拍卖底价。拍卖底价随具体经济情况灵活变化，2023 年拍卖底价设置为 22.21 美元（未来每年增长 5%）。每季度的常规拍卖分为当期碳排放额度拍卖和提前碳排放额度拍卖。当期拍卖的碳排放额度包括当前年度以及之前年度的碳排放额度，分配给本年度当期拍卖的碳排放额度会平均投入到每一季度的当期常规拍卖中。但若有拍卖成交价连续两次都超过拍卖底价，则之前每季度开设的常规拍卖中未卖出的碳排放额度将会移至后续拍卖池中，但每次移动总量不得超过后续拍卖池碳排放量的 25%。对于提前拍卖市场，本年度后第三年的碳排放额度中划分给提前拍卖的额度也会均分到每季度的提前拍卖中。若这些提前拍卖碳排放额度未被全部拍卖完，则将被保留在拍卖持有账户中，直到其进入当期拍卖市场。

　　另一方面，配额价格调控储备机制通过设计碳排放量价格上限来稳定碳排放量价格。根据加州立法机构于 2017 年通过的 AB398 法案，2021 年起，配额价格调控储备机制将设置两个价格等级以及一个价格上限，2023 年的两个价格等级与一个价格上限分别为 51.92 美元、66.71 美元与 81.50 美元，每年上限触发价增长方式与拍卖底价增长方式相同。配额价格调控储备机制中的预留碳排放量被三等分至两个价格等级以及一个价格上限中。若某次常规拍卖的成交价格不低于任一价格等级的 60%，加州空气资源委员会将在常规季度拍卖之外额外组织一次储备碳排放权的拍卖，并在阶段性碳排放量合规义务截止日前提供一次储备碳排放量拍卖。若前述两个价格等级中的储备碳排放量均出售，则减排企业有权按照价格上限购买要求购买剩余的储备碳排放量，最多购买等同于其目前尚未满足的履约义务数量的碳排放量。

配额价格调控储备机制的具体预留碳排放量限制具有阶段性特征。具体预留配额数量限制分成四个阶段：第一阶段，占据加州碳市场年度总体碳排放量限额的 1%；第二阶段，占据总量的 4%，第三阶段，占据总量的 7%，第四阶段，占据总量的 4%，未售完的预留碳排放量可转存到下一年。上述拍卖价格等级与拍卖底价共同助力加州和魁北克碳市场价格稳定在一定的区间范围。

3. 北美碳市场发展中的挑战与应对

北美碳市场的发展与欧盟碳市场一样，也面临着一些挑战和问题。首先，碳泄漏是一个主要问题。为了降低碳减排成本，一些企业可能会选择迁移到没有碳排放管制的州或地区，或者从这些地方采购电力等受碳排放管制的产品。这种行为虽然可以降低企业的碳减排成本，但对于整体的碳排放减少并没有实质性的帮助。

其次，碳排放权拍卖收入的使用也是值得探究和思考的。在理想情况下，各州的碳排放权拍卖收入应该用于支持节能减排项目，以推动碳排放的减少。然而，有的州政府可能会把这些收入用于弥补财政赤字，或者用于非节能减排项目，这对于碳排放的减少并没有实质性的帮助。

此外，北美碳市场也同样面临着碳排放权分配和供给过度的问题。这个问题涉及企业参与碳市场的积极性、市场活跃水平及公平性议题。在区域温室气体减排行动以及加州和魁北克碳市场的发展过程中，都出现了碳排放额度过剩的情况。虽然这些问题的发生原因各有不同，但它们都对碳市场的发展产生了不利影响。因此，北美碳市场在发展中也采取了例如增加拍卖碳排放权的占比、设置拍卖底价及预留碳排放权机制等方式来解决这些问题，以实现更有效的碳排放控制。

韩国碳市场

1. 简介

在 2009 年召开的哥本哈根气候大会上，韩国承诺的减排目标为 2020 年温室气体排放水平比惯常情境（Business as Usual，BAU）下减少 30%。为了实现减排目标，2009 年 12 月 29 日，韩国国会通过了《低碳绿色增长框架法》，旨在 2030 年相较于 2018 年减少 40% 的碳排放，并在 2050 年实现碳中和目标。2012 年，在启动碳市场之前，韩国政府首先引入了目标管理机制（Target Management Scheme，TMS）试点，由于韩国工业温室气体排放的 60% 主要由相对较少的几家大型企业贡献，因此 TMS 机制首先对这几家大型工业企业规定了减排目标，以便让其适应碳排放约束管理，但同时不允许任何排放许可的交易。经历两年的 TMS 机制试点后，2015

年 1 月，韩国碳市场正式成立，成为亚洲首个全国性碳市场。截至 2023 年 12 月 31 日，韩国碳市场覆盖了 804 家大型排放企业，来自电力、工业、交通、国内航空、废弃物和建筑等行业领域，占韩国约 84% 的碳排放量，2023 年韩国碳配额（Korean Allowance Unit，KAU）拍卖均价为 32.93 美元 / 吨二氧化碳。

与欧美碳市场相似，韩国碳市场的运作亦划定为三个阶段，分别为第一阶段（2015—2017 年），第二阶段（2018—2020 年）以及第三阶段（2021—2025 年）。每一个阶段均对减排行业设置总排放上限，第一阶段合计为 16.89 亿吨二氧化碳排放量，第二阶段为 17.77 亿吨二氧化碳排放量，第三阶段为 30.48 亿吨二氧化碳排放量。目前，韩国碳市场正处于第三阶段，超过 10% 的韩国碳配额将以拍卖的形式投放到碳市场中，不超过 90% 的韩国碳配额将结合基准线法与"祖父法则"进行免费分配。未完成碳配额合规义务的企业将被按照未合规年份碳配额平均市场价 3 倍或 10 万韩元（孰低）进行罚款。

2. 韩国碳市场的主要分配和调节机制

韩国碳市场相较于欧美碳市场设定的分配方式更为保守，免费分配是韩国碳市场主要的分配方式。第一阶段中，100% 的韩国碳配额均免费分配给各排放企业；第二阶段中，97% 的韩国碳配额均免费分配给各排放企业，其中能源密集型出口企业的免费分配比例为 100%，剩余 3% 的韩国碳配额以拍卖形式分配，包括电力、国内航空、木制品、金属铸造等行业的减排企业均可以参与碳配额拍卖；第三阶段中，亦仅有超过 10% 的韩国碳配额使用拍卖形式，其余均使用免费分配形式。能源密集型出口企业的免费分配比例仍为 100%。

韩国碳市场同样引入了市场稳定调节机制。在碳市场满足以下条件时，将由分配委员会介入，以采取市场稳定措施：①在过去六个月中，韩国碳配额的价格高于过去两年其平均价格 3 次以上；②在过去一个月中，韩国碳配额的价格超过过去两年其平均价格 2 次以上，且过去一个月的韩国碳配额成交量是过去两年同一月份的两倍以上；③某一月份的韩国碳配额平均市场价格低于过去两年其平均价格的 60%；④因供需失衡导致韩国碳配额的交易难以进行。而分配委员会有权采取的措施包括：①额外拍卖至多 25% 的市场稳定机制储备的韩国碳配额；②设置主体可持有的碳配额上限为，企业为满足合规义务所需碳配额的 70%（下限）或 150%（上限）；③增加或减少借用限制[⊖]；④在增加或减少碳信用抵销限制（第三阶段中，韩国碳市场的碳信用抵销限制为该企业满足合规义务所需碳配额的 5%）；⑤暂时设置价格上限或下限。

历史上，分配委员会曾采取过以下措施：2018 年，分配委员会为了在 2017 年合规截止日期前缓解市场压力，从稳定储备中额外拍卖了 550 万吨二氧化碳的配额，其中 470 万吨二氧化碳的配额被售出；2021 年，分配委员会在 4 月份设定了每吨 12 900 韩元（9.98

⊖ 韩国碳市场中允许减排企业进行碳配额跨阶段存储或非跨阶段的借用。在第三阶段中，2021 年的可借用额度为该企业为满足合规义务所需碳配额的 15%。剩余年份中将根据以下公式进行计算：该企业合规要求的碳配额 ×[上一年度的借用限制 −（上一年度实际的借用比例 ×50%）]÷ 该企业的实际排放量。

美元[⊖]）的价格下限，6 月份设定了每吨 9 450 韩元（7.31 美元）的价格下限。

3. 韩国碳市场发展中的挑战与应对

与欧盟碳市场及北美碳市场自 21 世纪以来年均碳排放量的显著下降不同，韩国的年均碳排放量无论是自 2009 年韩国首次做出减排承诺以来，还是 2015 年韩国碳市场正式启动以来，韩国的年均碳排放量并没有发生显著下降，甚至有部分年份呈现缓慢上升趋势，这不禁使得人们质疑韩国的减排承诺政策落实与实施的效果。国际气候行动追踪组织（Climate Action Tracker）更是将韩国的碳减排措施及政策列为"高度不足"（Highly Insufficient）。具体可以参见图 3-4。

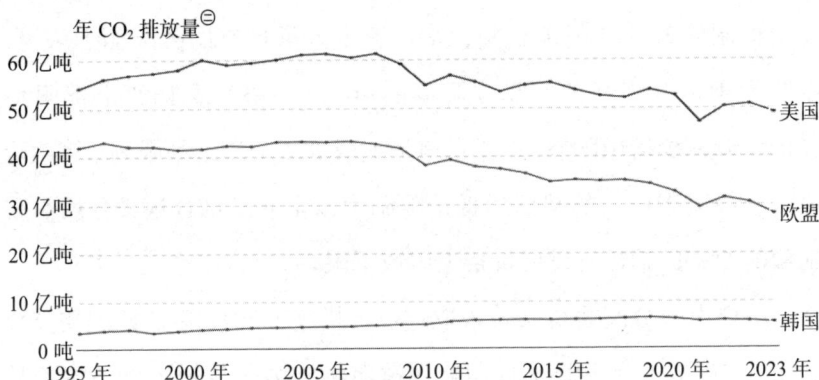

图 3-4　美国、欧盟、韩国碳市场减排效果对比

资料来源：全球碳预算（2024）。

⊖　按照彼时即时汇率计算，下同。

⊜　化石燃料和工业排放的二氧化碳（CO_2）。土地利用变化不包括在内。其中化石排放测量的是燃烧化石燃料排放的二氧化碳（CO_2）的数量，以及水泥和钢铁生产等工业过程直接排放的二氧化碳（CO_2）的数量。而化石 CO_2，包括来自煤炭、石油、天然气、燃烧、水泥、钢铁和其他工业过程的排放。化石排放不包括土地利用变化、森林砍伐、土壤或植被。

　　韩国碳配额的分配过于宽松，这无疑是导致问题的主要原因之一。在目标管理机制试点期间，政府设定了各家大型企业的排放总目标，超过这个目标的企业需要向政府支付罚款。然而，由于担心对经济增长可能产生的负面影响，这个机制被设计得非常宽松，大型企业可以通过与政府部门的谈判来确定减排目标。当韩国碳市场正式启动时，免费的韩国碳配额分配参考了目标管理机制试点期间各企业与政府达成的碳排放目标，这导致了韩国碳市场的韩国碳配额供应过剩。在韩国碳市场的第一阶段和第二阶段，只有减排企业才能参与韩国碳配额交易，这降低了碳市场的流动性和价格真实性，进一步削弱了碳市场对韩国完成实际碳减排目标的贡献，这也直接使得韩国无法完成在 2009 年哥本哈根气候大会上的减排承诺。

　　在 2022 年 5 月尹锡悦正式就任韩国总统后，韩国政府已经开始采取一系列措施来稳定韩国碳配额价格，并推动企业进一步提高减排效能。这些措施旨在改善碳市场的运行机制，提高碳市场的效率，以实现更有效的碳排放控制：①政府计划向各行业环保效率排名前 10% 的企业提供更多的韩国碳配额。这一措施旨在奖励那些在环保方面表现出色的企业，鼓励它们继续提高环保效率。②政府增加了韩国碳配额的持有上限，并设立了寄售机制。这一措施旨在增加碳市场的流动性，同时鼓励更多的金融机构加入碳市场交易，以提高市场的活跃度。③政府正在加速国际自愿减排量转化为可在韩国碳市场使用的韩国碳信用。这一措施旨在扩大韩国碳市场的交易范围，提高市场的成交量。④政府进一步加强了监测、报告及核证机制。这一措施旨在确保碳市场的公平和透明，防止市场操纵和欺诈行为。

⑤政府增加了对小型企业及新成员的支持力度。这一措施旨在鼓励更多的企业参与碳市场交易，提高市场的参与度。总的来说，韩国政府正在通过这些措施来改革其碳市场，以实现更有效的碳排放控制。

国外碳金融市场

与国内碳金融产品仅出现于各试点地方市场不同，基于发达的传统金融市场，国外碳金融市场与碳现货市场几乎同时出现。国外主要的碳金融产品类别也与国内基本一致，主要包括碳衍生品、碳融资工具、碳支持工具等。

1. 碳衍生品

碳衍生品是最早出现的碳金融产品，作为一种有效的风险管理和对冲工具，在欧美碳市场建立伊始即被广泛使用。碳衍生品对减排项目提供了有力的支持，减排企业可以利用衍生品将外部资本引导到可持续性项目的投资和零排放活动中。

碳衍生品在帮助减排企业管理与碳资产相关的风险和过渡风险方面也起着至关重要的作用。通过将风险从不愿承担风险的交易对手转移到愿意承担风险的交易对手及减少未来价格的不确定性，碳衍生品提供了一种有效的用来对冲物理和过渡风险的工具，还可以将本来不稳定的现金流转化为可预测的成本或收益来源。减排企业可以使用碳衍生品以一种成本效益最高的方式满足它们的减排义务并管理它们的风险。如果减排企业对碳排放权的成本波动有所担忧，它们可以储存碳排放额度，或者使用碳衍生品对冲几年后与生产相关的碳排放成本。

除对排放企业有利外，碳衍生品对碳市场的合规性及流动性也有也重要的促进作用。碳衍生品有利于其底层碳资产价格进一步透明、可预期、可持续，使得减排企业能够更好地规划它们未来在碳排放及减排清洁技术方面的相关投资。

碳衍生品类型与国内正在试点的碳衍生品大同小异，主要包括碳资产期货、碳资产期权、碳资产远期与碳资产掉期。

首先，就碳资产期货而言，目前，在欧美碳市场中碳资产期货的交易量占全部碳资产交易的 70% 以上，比较常见的碳资产期货包括欧盟碳配额期货合约（EUA futures），加州碳配额期货合约（CCA futures）、RGGI 碳配额期货合约（RGA futures）、加州碳信用期货合约（CCO futures）。

其次，就碳资产期权而言，目前，在欧美碳市场中比较常见的碳资产期权包括欧盟碳配额期货期权（EUA futures option）、加州碳配额期货期权（option on CCA futures）及 RGGI 碳配额期货期权（option on RGA futures）。

再次，就碳资产远期而言，与前两种碳资产衍生品不同，其一般通过场外交易进行，尽管与期货合约具有相同的结构，但其严格而言并非标准化产品，也不在交易所内进行场内交易（与之相比，在国内已经推行碳资产远期交易的试点交易所，其所谓的"碳资产远期"产品均为标准化的合同，且采取线上交易，已经接近期货的形式和功能）。清洁发展机制项目产生的核证减排量即经常采用远期合约的方式进行交易，买卖双方在开发该类项目时即签署远期合约，以特定价格买卖一定数量的核证减排量。

最后，就碳资产掉期而言，其是另一种比较流行的场外交易衍生品，与国内市场的产品类似，一般由交易各方将一定的碳排放权、自愿减排量以及现金在一个时间点或一段时间内进行互换交易。例如，欧盟碳配额与核证减排量的掉期合约使得尚未足额使用核证减排量额度的欧盟公司与已足额使用核证减排量的公司进行互换，将多余的欧盟碳配额交易成核证减排量（CER）与现金。

2. 碳融资工具

欧美碳市场上典型的碳融资工具包括碳基金与碳债券。

就碳基金而言，最早的碳基金是世界银行为落实清洁发展机制和联合履约机制，于 2000 年率先成立的，由承担减排义务的发达国家或企业出资，以购买发展中国家环保项目的减排额度。但随着后续全球各大碳市场的不断发展，碳基金的概念也变得越来越丰富，由政府、国际组织、企业或个人投资设立的，致力于在全球范围内购买自愿减排量或投资于温室气体减排项目的基金均被纳入碳基金的范畴[⊖]。作为自愿减排量最大的消费市场之一，欧洲在 2005 年左右先后成立了多家碳基金，包括德国复兴信贷银行碳基金、意大利碳基金、丹麦碳基金、荷兰清洁发展基金和联合实施基金、西班牙碳基金等，如表 3-8 所示，以及在欧盟碳市场下的第一个非政府型碳基金欧洲碳基金（ECF）。

⊖ 王丽娟、吴大磊、赵细康，《基于国际借鉴视角探讨我国碳基金的发展》，中国环境科学学会学术年会论文集，2014。

表 3-8 国外主要碳基金情况归纳

碳基金	成立时间	规模	发起与管理	目的
世界银行欧洲碳基金（CFE）	2007 年	5 000 万欧元	由爱尔兰、卢森堡、葡萄牙三国与比利时佛兰芒区及挪威一家公司出资设立，由世界银行和欧洲投资银行管理	帮助欧洲国家履行《京都议定书》和欧盟排放额交易计划的承诺
荷兰欧洲碳基金（NECF）	2004 年	18 000 万美元	由世界银行和国际货币基金组织发起，由世界银行管理	主要投资在乌克兰、俄罗斯和波兰共同实施的减排项目
意大利碳基金（ICF）	2004 年	8 000 万美元	由世界银行和意大利政府发起，由世界银行管理	支持高效益的减排项目和清洁技术转让，例如水电和垃圾管理
丹麦碳基金（DCF）	2005 年	7 000 万美元	由丹麦政府和私人部门发起，由世界银行管理	支持风能、热点联产、水电、生物质能、垃圾掩埋等项目
西班牙碳基金（SCF）	2005 年	17 000 万欧元	由西班牙政府发起，由世界银行管理	支持东亚—太平洋及拉美—加勒比地区的 HFC 23、垃圾管理、风电水电、运输等项目
德国复兴信贷银行碳基金	2005 年	6 000 万欧元	德国复兴银行与德国政府共同出资	为德国和欧洲有意购买自愿减排量的企业提供服务

资料来源：气候债券官网。

就碳债券而言，其也被称为绿色债券（Green Bonds）。2007 年，世界银行发行了首个 AAA 评级的绿色债券，该债券以欧元计价，期限为 6 年，年利率至少为 3%。同年，欧洲投资银行亦发行了其首支 5 年期零息绿色债券，已用于在欧洲投资可再生能源和提高能源效率项目。自此，绿色债券市场拉开序幕，并于 2014 年开始进入活跃期。

2013 年 11 月，瑞典房地产公司 Vasakronan 发行了首个企业绿色债券，成为绿色债券市场的一个转折点。自此，大型企业包括法国国家铁路公司（SNCF）、苹果、恩杰和法国农业信贷银行等均发行了其绿色债券。第一个绿色市政债券于 2013 年 6 月由马萨诸塞州发行。瑞典哥德堡市于 2013 年 9 月发行了第一个绿色城市债券。截至 2024 年 12 月 31 日，根据气候债券官网（Climate Bond Initiative）的公开统计数据显示，全球绿色债券市场规模已经超过 3 万亿美元。

3. 碳支持工具

国外碳金融市场中的碳支持工具主要包括碳指数和碳保险等产品。碳指数系交易所或某机构根据一定的算法公式结合其中标的碳资产的价格推出的指数，比较著名的碳指数包括巴克莱资本全球碳指数（BC CGI）、瑞银温室气体指数（UBS GHI）、道琼斯 - 芝加哥气候交易所 -CER/ 欧洲碳指数（DJ-CCX-CER/EC-I）、美林全球二氧化碳排放指数（MLCS Global CO_2 Emission Index）、洲际交易所全球碳期货指数（Global Carbon Futures Index）。其中，作为目前全球碳资产交易量最大的洲际交易所，其于 2020 年 4 月推出的全球碳期货指数（Global Carbon Futures Index）将当前全球最活跃的四大碳市场的期货价格打包进行加权计算，包括欧洲碳配额期货、加州碳配额期货、RGGI 配额期货及英国碳配额期货，以展现全球碳市场的供求状况和价格动态。

碳保险则是由保险公司在企业平衡低碳技术开发或高碳行业转

型的过程中，为可能产生的风险提供金融支持工具，在国外碳金融市场中，常见的碳保险类型包括：①针对碳资产交易中买方所承担风险的产品，主要涵盖自愿减排量价格波动，如清洁发展机制支付风险保险、碳减排交易担保、自愿减排量保险、碳交易信用保险；②针对碳资产交易中卖方所承担风险的产品，主要提供减排项目风险管理保障和企业信用担保，如碳交易信用保险、碳排放信用保险及碳损失保险；③针对其他风险的产品，如碳捕获保险。[⊖]

⊖　周洲、钱妍玲，《碳保险产品发展概况及对策研究》，金融纵横，2022。

碳资产的法律属性与
国内碳市场的实操规则

第一节　碳资产的法律属性

自从《公约》及《京都议定书》开创了国际碳排放权及交易制度的先河，碳排放权及其法律属性受到了广泛关注和讨论。其中最核心的问题可以简单归纳为"碳排放权是一种什么样的权利，以及谁是碳排放权的所有人"。而理论界对碳资产的法律属性存在诸多不同的观点和学说。学术界在该问题上"百家争鸣"的原因即在于碳排放权的法律属性问题既涉及监管主体（政府）与监管对象（减排主体）之间的公法关系，也牵涉减排主体之间的私主体权益保护问题，这种公法与私法相互交织的特征使得学术界在碳排放权法律属性的界定上出现了诸多不同观点和学说⊖。

⊖ 魏庆坡. 碳排放权法律属性定位的反思与制度完善：以双阶理论为视角 [J]. 法商研究，2023（4）.

在中国法律层面，我国学术界对此的主要代表性观点包括"准物权说""用益物权说""新型财产权说""行政许可权说""混合权属说"，以下笔者将分别进行介绍。

准物权说

考虑到减排主体作为最主要的碳市场主体和排放权持有者，需要从私权层面提供充足的法律保障，"准物权说"观点认为，对碳排放权法律属性的理解和探讨应建立在《民法典》物权编的基础之上[一]，认为碳排放权是一种环境容量的使用权，由法律规制为碳资产经营企业拥有的私人财产权，持有者对该财产拥有占有、转让、使用和处分等完整权能。在传统物权理论语境下，物权分为所有权、用益物权和担保物权，是指权利人依法对特定物享有的支配和控制的权利，具有对世性和排他性。[二]准物权说解释碳排放权的逻辑起点是物权化碳排放权客体，论证思路是通过解释将碳排放权纳入物权法的体系内，[三]将碳排放权认定为民事财产权利并予以保护，以发挥市场机制作用，从而实现建立碳排放权交易市场的目的。依据传统物权法理论的"主体—客体"法律逻辑体系，强调从主体角度进行价值判断，范围从早期的经济价值逐步扩展，当前环境要素在获得物权客体资格上已无障碍。但这种自然资源客体只有在行政授权范

[一] 杨博文.碳达峰、碳中和目标下碳排放权的权利构造与应然理路[J].河海大学学报（哲学社会科学版），2022，24（3）：91-98.

[二] 陈华彬.物权法[M].北京：法律出版社，2004。

[三] 胡思雨.民法典实施背景下我国碳排放权法律属性研究[D].天津财经大学，2021。

围内才能被权利人享有，故被称为"准物权"，主要包括矿业权、狩猎权、渔业权和水权。基于排污权的客体理论逻辑，有学者提出将大气环境容量视为碳排放权的客体。该理论认为碳排放权的权利客体具有传统物权所具有的可支配性、控制性、排他性，同时出现了部分与传统物权特征不相符的权利特征，据此将碳排放权的法律属性定性为准物权。例如在权利来源方面，碳排放权的取得并非通过原始取得或继受取得，而是通过公权力根据大气环境容量对碳排放配额进行分配取得的。在《公约》基础上，《京都议定书》通过为附件一国家设置强制减排目标的间接量化，限制了这些国家使用大气环境容量的自由。循此思路，国际层面上对国别大气环境容量的划分为碳排放权准物权属性的界定提供了理论基础。但在这一理论项下，不同阶段的碳排放权权属亦存在不同，对重点排放企业通过国家免费分配的方式获得的初始碳排放配额而言，企业作为届时碳排放配额的持有者对碳排放配额并非拥有完整的自由处置权，因此在该阶段免费分配的配额主要作为排放许可权而存在，该阶段存在混合权属的特征；对于企业通过市场交易购入、拍卖购入等方式所取得的碳排放配额，此时企业已经为取得资产而支付了相应的交易对价，集中体现了其物权属性；或者在企业经核查确定当年的排放量之后，已经明确当年应"缴还"的履约义务，此时在清缴义务之外富余的免费碳排放配额，可视作企业具有完全的自由处置权，其产生于企业自身的节能减排努力，经核证的自愿减排量也遵循同样的逻辑，某种程度上企业对其支付了相应的减排成本，因此也可将其认定为具有完全自由处置权的私有资产。我国财政部于 2019 年 12

月 16 日所发布的《碳排放权交易有关会计处理暂行规定》也为"准物权说"的这个观点提供了相应的法理基础，即规定了"重点排放企业通过购入方式取得碳排放配额的，应当在购买日将取得的碳排放配额确认为碳排放权资产，并按照成本进行计量。重点排放企业通过政府免费分配等方式无偿取得碳排放配额的，不作财务处理"。该规定对免费分配的配额进入市场流通时（买进或卖出），明确了财务处理及计量规则。由此可以认为，源自政府免费分配的原始配额是无法计量其财产价值的，其主要用于碳排放履约，以抵销控排企业当年度的温室气体碳排放量，财产属性并不凸显。而对于以市场化购入方式取得的碳排放配额，其具有物权属性，应被确认为该企业的碳排放资产，控排企业拥有相应的所有、使用、处置的完整权能。

用益物权说

用益物权说理论对碳排放权法律属性的论证逻辑与准物权说相似，其逻辑起点都是碳排放权的客体可以也有必要被物权化。用益物权说认为，碳排放权的客体为特定数量的温室气体，符合"物"的特性；主体拥有直接支配力和排他力，以获得特定数量温室气体的使用价值为内容，故属于用益物权的范畴。但与准物权说不同的是，用益物权说主张碳排放权的直接对象是大气资源，因为我国实行自然资源国家所有权制度，因此相应的碳排放权只能形成他物权，而不能形成自物权，以此来解释碳排放权与传统物权的不同之处。用益物权说观点认为，碳排放权具有用益物权属性，应定性为用益物权。碳资产具有"物"的基本特征，其产生的主要目的是通过交易形成利益诱导机制，促使温室气体的排放者低成本抵销其排放量，实现节能减排。因其具有经济价值，所以应认定为财产权，并且受物权法保护。同时，如果将其定性为"物"，表明其所有权可以属于项目业主个体，并在碳市场进行自由交易。但由于碳资产的直接对象是大气资源，而我国实行自然资源国家/集体所有权制度[○]，因此碳资产应属国家/集体所有，碳资产只能形成他物权，而不能形成自物权，碳排放权通过制度设定实现对国家环境容量资源的占有、使用和收益，因此碳排放权的法律属性应被设定为用益物权。用益物权下碳资产的所有权虽仍属于国家或集体所有，但对除所有权外的占有、使用和收益权能可以通过经营承包等方式约定给相应的项目业主行使。用益物权说论证碳排放权客体具有独立之价值属性，其交易的需求和价值主要体现在减排主体之间，辅之碳交易制度设计，以赋予减排主体对客体直接的支配力和排他力，因此用益物权的逻辑也存在一定的合理性。

尽管如此，用益物权说在现行中国法律框架下仍存在理论上的亟待完善之处。首先，根据我国法律的规定，即在《民法典》第二编第三分编用益物权编中已经列明了用益物权的类型，仅包括海域使用权、探矿权、采矿权、取水权和使用水域、滩涂从事养殖、捕捞的权利、土地承包经营权、建设用地使用权、宅基地使用权、居住权、地役权等，且不存在类似"其他依照法律法规可以取得的用

○《宪法》第一章第九条规定，矿藏、水流、森林、山岭、草原、荒地、滩涂等自然资源，都属于国家所有，即全民所有；由法律规定属于集体所有的森林和山岭、草原、荒地、滩涂除外。

益物权"这种兜底条款的表述，故将碳排放权列为用益物权亦违反物权法定原则。其次，虽然根据《宪法》等法律规定的表述基本可以得出国家对大气资源、生态资源享有所有权，但尚未有明确的表述，按照先有自物权再有他物权的逻辑，在自物权的权属尚存在瑕疵的情况下将碳排放权归结为用益物权其实也缺乏法理根基。但是我国最高人民法院曾提出，"目前尽管对碳排放权、排污权、用能权和用水权的权利性质尚有一定争议……碳排放权、排污权、用能权和用水权应属于市场交易主体享有的具有交换价值的财产或者财产性权利……在审判实践中，若遇到涉及此类新型资源性权利的纠纷，除遵循正常的法律适用规则外，亦要贯彻落实《民法典》确立的绿色原则，并基于具体案情确定是否可以参照用益物权的一般规定作出相应的裁判"。根据《民法典》第三百二十四条的规定，"国家所有或者国家所有由集体使用以及法律规定属于集体所有的自然资源，组织、个人依法可以占有、使用和收益"。这些法律法规一定程度上给用益物权说提供了理论基础。

用益物权在法律上通常有如下特征：①由国家所有或者国家所有由集体使用以及法律规定属于集体所有；②主要为自然资源；③组织、个人依法可以占有、使用和收益。碳排放权的本质特征与用益物权的法律特征相符合，比如：①碳排放配额由国家统一按照一定比例进行分配，核证自愿减排量亦通过国家进行核证签发；②碳排放配额、核证自愿减排量的客体为大气环境容量，属于自然资源；③各国实际上赋予了碳排放权一定的资产属性，可以依法进行交易，并且已经形成了颇具规模的交易市场。因此，碳排放权与用益物权的特性十分匹配，如果认定碳排放权为用益物权，则其交易、（权利）质押也可以作为金融产品的基础资产，从而具有财产价值，就存在了合理的法律基础和法律依据。

新型财产权说

虽然物权说（准物权说或用益物权说）是国内学界的主流观点，但也有很多学者持反对意见，该理论以批判碳排放权物权化为基础，认为碳排放权是一种为了矫正环境外部性的政策工具，如果将其物权化，会被一些投机分子扰乱市场秩序，将不利于环境容量资源的稳定。[一]况且，将其定义为"物"，将会突破"物权法定"的基本原则，因为在曾经的《物权法》（以及现行的《民法典》物权编）中无法找到碳排放权或者碳汇权为"物"的法律规定。[二]因此，物权说的反对者提出，可以参考英美法系的新型财产权理论，将碳排放权界定为"新型财产权"。[三]新型财产权说由美国学者赖克提出，指由政府供给所创造的财产权，包括专营权、特许权、执业许可证、补助金等。[四]在传统上，财产权被认为是私法领域的概念并尽量排除公权力的干涉，由法律规制为企业拥有的私人财产权，企业即对该类财产拥有占有、转让、使用和处分的权利。依据新型财产权说，由于碳排放权（包括碳汇权），不仅带有"行政许可"的公法性质，同

　⊖　夏梓耀. 碳排放权研究 [M]. 北京：中国法制出版社，2016.

　⊜　占弘沣. 哪种权利，何来正当性？对当代中国排污权交易的法理学分析 [J]. 中国地质大学学报（社会科学版），2010(1).

　⊜　高秦伟. 政府福利、新财产权与行政法的保护 [J]. 浙江学刊，2007(6).

　⊛　Reich C A. The new property [J]. Yale Law Journal，1964(5).

时还具有私法上的私有财产权性质。[一]而现有法律无法为其提供栖息之地，因此主张将其界定为新型财产权。

根据英美法系给新型财产权赋予的定义，其"新"表现为：①取得方式新，即区别于传统财产权的取得方式，新财产权系因政府的行政行为而取得；②内容新，即因社会发展，新财产权的内容摆脱了传统财产权内容的束缚，与时俱进；③性质新，即新型财产权在性质上兼具公权、私权的双重属性。新型财产权说的观点认为碳排放权是政府为保护生态环境而进行的一种积极干预，是对生态环境功能的价值化和商品化，属于当代政府通过法律创造的新型财产，碳排放权属于社会福利、专营许可以及公共资源的使用权等"政府馈赠"，这些政府许可一旦被法律的形式确定下来，方才成为权利人的财产。因为碳排放权虽然在取得与行使方面类似公法上的行政许可，但是其权利交易方面具有很强的私法属性，兼具公权和私权属性，所以不宜将其纳入现有法律框架，而应通过单行立法予以规制。也有学者提出，碳排放权属于新型数据财产权，碳排放权作为无体物，主要以数据形式在交易主体账户之间进行登记或流通，其价值体现在权利人可以获得经济利益。因此，该学说主张将碳排放权界定为一种新型财产权。

行政许可权说

从碳市场监管者的角度出发，基于市场规制的目标和效率，亦

[一] 曹明德，刘明明，崔金星，等. 中国碳排放交易法律制度研究 [M]. 北京：中国政法大学出版社，2016.

可将碳排放权界定为一种行政行为，由此催生出"行政许可权说"。行政许可权说的观点认为，首先，因为碳资产从一种基于自然属性以吸收和贮存二氧化碳等温室气体的原始状态，到被纳入法律视野予以探讨，最主要的环节是特定行政机关按照法律法规及特定的方法学进行签发、审核与批准，只有经过行政机关"核准"的"碳汇增量"才拥有进行交易的法律资格，即碳排放权是由政府创设的，配额分配、减排主体的确定以及配额价格的调控均受到政府的直接影响。碳排放交易制度是国家应对全球气候问题的政策工具，无论是碳排放配额的发放、交易和清缴的监督，还是碳市场的登记、审查、报告，抑或是碳市场的产权激励、价格调控和履约保障，都是政府行使公权力的过程，其理论基础是对碳排放权实行总量控制和排放许可制度，其制度基础是建立在行政规制和行政许可上的，其权利蕴含着不可分割的公法属性，而减排主体应"履行"清缴配额的义务。政府分配碳排放权的行为只是赋予了减排主体使用大气的权利，这是政府创设的向大气层排放一定数量温室气体的权利，因此减排主体持有的碳排放权实质上属于一种规制性财产，对该类财产，政府享有最终的管理和支配的权力。碳排放权交易实质上是买卖排放许可，并且碳排放权交易离不开政府的指导和干预，因此碳排放权是一种行政规制与行政许可。

其次，有学者认为，虽然行政许可被认为是公权对私权的一种限制，[一]但不能否认行政特许的存在有助于控制危险、配置资源和产生信息。譬如，碳排放权制度是为了控制危险，通过排放权总量控

[一]　高富平. 浅议行政许可的财产属性 [J]. 法学，2000(8).

制人类向大气排放的温室气体总量，进而减缓气候变化。再者，鉴于气候变化速度、规模及其损害函数的不确定性，政府需要保留及时调整大气资源这一"稀缺资源"的权力，除了规范依据，行政许可权说可以避免物权说所面临的道德诟病——排污企业有将公共资源私有化的嫌疑。[⊖]这种学说摒弃了上述私法属性学说所秉持的物权或财产权理念的核心，避免因将碳排放权财产化导致公共资源变成私人商品而引发的道德问题，并且也否定了减排主体碳排放的权利属性，从而更好地实现应对气候变化的目的，也可以为监管者调控碳排放权政策提供便利，以避免对减排主体进行财产补偿。同时，碳排放交易制度具有负外部性，如"碳泄露"、限制减排技术的发展和应用以及与其他环境政策的协同等，这需要政府采取其他措施提升应对气候变化的有效性。因此，相对于物权说而言，基于行政权对碳排放权的干预，行政许可权说更能体现灵活性。

混合权属说

"混合权属说"的观点认为碳排放权并非单一属性，而是呈现出公权与私权的混合性，代表学说主要包括"准物权＋发展权说"（简称发展权说）和"环境权＋财产权说"（简称环境权说）。环境权和发展权作为第三代人权中的重要内容，内涵较抽象。[⊜]就环境权而言，作为现代科技和工业发展的附属产品，环境权的保护内涵涉及干净

⊖　王慧.论碳排放权的特许权本质 [J].法制与社会发展，2017(6).
⊜　国际人权法教程项目组.国际人权法教程（第一卷）[M].北京：中国政法大学出版社，2002：456.

的饮水权、洁净的空气权、安全健康的工作权以及社会保障权等，与生存权、健康权等保护领域互有交叉。发展权的核心目标是增进人类的福祉，消除饥饿、疾病和无知，为所有人提供有生存价值的就业等。但环境权或发展权的性质认定可作为学理上的一种解释路径，环境权或发展权的界定无法解释或构设碳排放权交易实现过程中的各种权利义务关系，无法对碳排放权的运行过程提供方法论指引。

发展权说的观点认为，由于对大气环境容量资源的开发使用是人类生产生活所必需的，因此碳排放权是以大气环境容量为客体的一种新型权利，兼具准物权属性和发展权属性。在前述准物权说基础上，发展权说的观点还认为大气环境容量是一种公共物品，主张碳排放权属于发展权的学者认为发展权是人权的一种，碳排放权不仅关系到人权的发展，更关系到一个国家与民族甚至整个国际社会的发展，不论是个人还是国家均享有发展权。对于个人而言，享有基本的生理和生存发展是发展权的内涵；对于国家而言，发展权不仅需要国家自身拥有稳定良好的政治、经济、文化和生态环境，还需要国家对各种自然资源享有自由调配的主权，能够为本国公民创造一个可以利用自然资源实现个人发展的社会环境。各国均有权使用该资源发展本国经济，碳排放权与国家的生态和经济环境密切相关，也能够体现国家合理分配与调控资源的能力，因此具有发展权的属性。《公约》及《京都议定书》对大气环境容量在各国之间进行了分配，体现了碳排放权作为发展权的内涵和目的。碳排放权的准物权属性强调其私权色彩和经济属性，发展权属性则强调其公权属性和限制性，两者之间是辩证统一的关系。

环境权说的观点主张碳排放权是对大气环境容量资源生态机制和经济价值的利用，兼具环境权属性和财产权属性。一方面，碳排放权具有向大气层排放温室气体的含义，个体呼吸、企业和其他社会组织使用大气环境容量资源都属于行使碳排放权；另一方面，由于《公约》及《京都议定书》设立碳排放权制度旨在控制温室气体排放，进而实现大气环境资源的可持续利用和环境保护的终极目标，因此碳排放权本质上具有环境权属性。借助英美法系的新型财产权概念，持环境权说的观点认为由于政府通过许可将碳排放权赋予私主体，该权利便成为私主体的财产，既可用于清缴也可用于交易，故碳排放权属于新型财产权。碳排放权的环境权属性与财产权属性反映了大气环境资源的生态价值和经济价值，两者统一于碳排放权客体生态价值的实现。

第二节　我国碳市场规则

我国碳市场政策发展历程

为承担大国减排责任，履行减排义务，我国近年来始终保持积极的减排态度，不断探索我国国内碳市场的发展建设。我国碳市场建设经历了从无到有的过程，采取了"先进行地方碳市场试点，再稳步推进全国碳市场发展"的整体思路，目前我国国内碳市场实行地方试点与全国碳市场并行模式。回顾过往，我国碳市场的政策发展，共经历了三个主要阶段。

第一阶段，2002—2012 年国际交易阶段，通过《京都议定书》建立的清洁发展机制项目产生的核证减排量参与国际交易。

第二阶段，2013—2020 年地方试点阶段，我国各个碳排放交易试点依次开展，除配额交易外，还使用国家核证自愿减排量抵销碳排放，建立了国内核证减排市场。

第三阶段，2021—2024 年，通用领域评估全国碳市场阶段。2021 年 7 月 16 日全国碳排放权交易市场（简称碳市场）正式开市，开市时仅覆盖电力行业，年覆盖二氧化碳排放量约 45 亿吨，成为当年全球规模最大的碳现货市场。

本节主要介绍我国碳市场在第二阶段与第三阶段的发展历程。

1. 地方试点阶段

2010 年 10 月 10 日，国务院发布《关于加快培育和发展战略性新兴产业的决定》（国发〔2010〕32 号），在国务院制度文件层面首次提出要深化重点领域改革，加快建立生产者责任延伸制度。建立和完善主要污染物和碳排放交易制度。碳排放权交易的概念由此在国内被官方首次提出，该文件还提出了建立健全污染物排放制度和碳排放权交易制度的构想。

2011 年 3 月 16 日，国务院印发《中华人民共和国国民经济和社会发展第十二个五年规划纲要》，提出"逐步建立碳排放权交易市场，推进低碳试点示范"，并作为一项任务纳入"十二五"政府工作计划。

2011 年 10 月 29 日，国家发展和改革委员会办公厅发布《关于开展碳排放权交易试点工作的通知》（发改办气候〔2011〕2601 号），国家发展和改革委员会批准在北京市、天津市、上海市、重庆市、广东省、湖北省、深圳市这七个省（市）进行碳排放权交易试点，标志着我国试点碳市场拉开序幕。

2011 年 12 月，国务院印发了《"十二五"控制温室气体排放工作方案》（国发〔2011〕41 号），提出要探索建立碳排放交易市场：建立自愿减排交易机制；开展碳排放权交易试点；加强碳排放交易支撑体系建设。

上述七个省（市）试点地区在 2013—2014 年陆续启动交易，建立并尝试不同的碳市场交易制度，之后市场建设稳步推进。

1）2013 年 6 月，深圳市启动了首个碳排放权交易试点，推出了首个中国碳排放交易计划。深圳碳排放权交易所（于 2024 年 8 月更名为深圳绿色交易所）是国家发展和改革委员会 2011 年公布的七个试点地区中的第一个。

2）2013 年 11 月，上海市和北京市相继启动碳排放权交易试点。上海环境能源交易所正式鸣锣开市，率先纳入碳排放配额管理范围的试点企业有 191 家；北京环境交易所（于 2020 年更名为北京绿色交易所）率先将二氧化碳排放总量 1 万吨（含）以上的 600 余家企业纳入碳排放权交易试点。

3）2013 年 12 月，广东省和天津市相继启动碳排放权二级市场交易试点。广东省是第四个启动碳排放权交易试点的省市，也是中国最大的碳交易试点省市；天津市是第五个碳排放权交易试点。

4）2014年4月，湖北碳排放权交易中心正式启动，成为全国第六个试点区域，首批共138家企业被纳入配额管理名单。

5）2014年6月，重庆市启动了碳排放交易试点，成为全国首批七个碳市场试点中最后启动的碳市场，将年碳排放量超过2万吨的240家企业纳入控排范围。

6）2016年12月，新增四川省与福建省两个试点碳市场，其中四川联合环境交易所不进行配额交易，只有CCER交易，而福建省的海峡股权交易中心同时进行配额交易和CCER交易，主要涉及省内的林业碳汇项目。

7）2022年7月，海南国际碳排放权交易中心获批设立，但目前尚未开始常态化的二级市场碳排放权交易。

试点市场广泛纳入包括电力、钢铁、水泥等20多个行业，近3 000个重点排放单位，为全国碳排放权交易体系的建设和实施奠定了坚实基础。这些交易试点市场为我国在碳市场领域积累了宝贵经验，同时对推动试点省（市）控制温室气体排放、探索"双碳"目标实现路径发挥了积极的作用。

2. 通用领域评估全国碳市场阶段

2012年6月13日，国家发展和改革委员会发布了《温室气体自愿减排交易管理暂行办法》，正式建立了全国温室气体自愿减排交易体系，中国核证自愿减排交易系统正式成立。

2013年11月12日，中国共产党第十八届中央委员会第三次全体会议通过《中共中央关于全面深化改革若干重大问题的决定》，提出"发展环保市场，推行节能量、碳排放权、排污权、水权交易制度"，将碳市场纳入全面深化改革的任务之一统筹考虑。

2014年9月19日，国家发展和改革委员会印发《国家应对气候变化规划（2014—2020年）的通知》（发改气候〔2014〕2347号），提出深化碳排放权交易试点，加快建立全国碳排放交易市场，健全碳排放交易支撑体系，研究与国外碳排放交易市场衔接等要求。

2014年12月10日，国家发展和改革委员会印发《碳排放权交易管理暂行办法》（国家发展和改革委员会令第17号，该办法已于2021年4月1日被废止），首次明确了全国碳市场建立的主要思路和管理体系与全国统一碳交易市场的基本框架。作为碳排放交易体系的基础性文件，该办法包括总则、配额管理、排放交易、核查与配额清缴、监督管理、法律责任、附则等主要内容。此文件指导着我国全国碳排放权交易市场的运作管理及监管工作。该办法立足于国家碳市场建设角度，从全局出发，对碳排放权交易做了较为系统的规定。该方法制定时国内的碳排放权交易试点市场已经积累了一些经验，并且实践中遇到的问题也逐渐凸显，该方法对这些问题进行了规定。除具体的交易规则外，该文件规定了碳交易监管的以下重点事项。

1）碳交易主管部门。碳排放权交易的中央主管部门是国家发展和改革委员会，负责全国碳排放权交易大政方针的制定及全国碳排放权交易市场的监督、管理、指导等工作。省级发展和改革委员会负责本行政区域内的碳交易试点管理工作。《碳排放权交易管理暂行办法》还规定了中央及地方相关职能部门要配合、协助碳交易主管部门对碳排放权交易进行监督管理。

2）主体准入。国家发展和改革委员会确定了重点排放单位名单，由各省级发展和改革委员会根据名单确定本行政区域内的准入主体名单后，向国家发展和改革委员会申报并公布。此外，国家发展和改革委员会允许在严于国家标准之上，由省级发展和改革委员会适当扩大重点排放单位范围。排放单位一经确定，便成为合法有效的碳排放权交易主体。

3）碳交易机构。《碳排放权交易管理暂行办法》中规定碳交易机构由国家发展和改革委员会确定，并由其负责对碳交易机构开展监督和管理。碳交易机构是碳交易的实体存在形式，是碳排放权交易的主要平台，像股票交易所一样，承担碳交易场所职能。

4）核查机构。核查机构是依法独立开展碳交易质量核查的第三方机构。关于其设立方式和核查资质等事项，《碳排放权交易管理暂行办法》中并未做出明确规定。但规定了核查机构工作的开展要以主管部门发布的核查指南为准则来进行。

5）碳交易中的信息披露义务。《碳排放权交易管理暂行办法》中规定，信息披露义务由产生或制作该信息的主体予以公布。信息披露内容因信息披露主体不同而不同，一般包含排放主体、配额总量、排放额度、排放方式及相关登记、转移、交易、注销等信息，并由信息披露主体保证信息真实、准确、及时。

6）法律责任。《碳排放权交易管理暂行办法》在法律责任方面设定了五类责任主体和五大类责任。五类责任主体分别为碳交易主管部门及其工作人员、排放主体、碳交易机构及其工作人员、核查机构及其工作人员及其他参与者。五大类责任包括警告或严重警告、责令改正、赔偿损失、行政处罚和刑事责任。

2015 年 4 月 25 日，中共中央、国务院在《关于加快推进生态文明建设的意见》中进一步强调，要建立碳排放权交易制度，深化交易试点，推动建立全国碳排放权交易市场。

2015 年 9 月 21 日，中共中央、国务院印发《生态文明体制改革总体方案》，更加明确且详细地提出了推行用能权和碳排放权交易制度。深化碳排放权交易试点，逐步建立全国碳排放权交易市场，研究制订全国碳排放权交易总量设定与配额分配方案。完善碳交易注册登记系统，建立碳排放权交易市场监管体系。

在我国碳市场如火如荼地筹备的同时，2015 年 12 月 12 日，《公约》近 200 个缔约方在巴黎气候变化大会上达成《巴黎协定》，并于 2016 年 11 月正式生效。此协定达成了关于 2020 年后加强应对气候变化行动的多边协议，督促各国积极行动，应对全球气候变暖的风险，确保地球升温不超过工业革命前 2℃。我国亦主动承担社会责任，坚定不移地维护和推动全球气候治理进程，积极参与了气候变化多边进程。为此，全国人民代表大会常务委员会于 2016 年 9 月 3 日批准中国加入《巴黎协定》，成为批准加入协定的缔约方之一。

2016 年 1 月 11 日，国家发展和改革委员会印发《关于切实做好全国碳排放权交易市场启动重点工作的通知》（发改办气候〔2016〕57 号），部署了全国碳排放权交易市场启动的重点工作。①提出拟纳入全国碳排放权交易体系的企业名单。全国碳排放权交易市场第一阶段将涵盖石化、化工、建材、钢铁、有色、造纸、电力、航空等重点排放行业，参与主体为业务涉及上述重点行业的企业。②对拟纳入企业的历史碳排放进行核算、报告与核查。③培育和遴选第三方核查机构及人员。各地结合工作需求，对具备能力的第三方核查机构及核查人员进行摸底，按照一定条件，培养并遴选一批在相关领域从业经验丰富、具有独立法人资格、具备充足的专业人员及完善的内部管理程序的核查机构，为本地区提供第三方核查服务。同时，加强对核查机构及核查人员的监管，坚决避免可能的利益冲突，保证核查工作的公正性，提高核查人员的素质和能力，规范核查机构业务，确保核查质量，杜绝不同核查机构之间的恶性竞争。④强化能力建设。国家发展和改革委员会继续组织各地方、各相关行业协会和中央管理企业，结合工作实际，围绕全国碳排放权交易市场各个环节，深入开展能力建设，针对不同的对象，制订系统的培训计划，组织开展分层次的培训，重点培训讲师队伍和专业技术人才队伍，并发挥试点地区帮扶带作用，为全国碳排放权交易市场的运行提供人员保障。

2016年3月17日，国务院印发的《中华人民共和国国民经济和社会发展第十三个五年规划纲要》提出建立健全用能权、用水权、碳排放权初始分配制度。推动建设全国统一的碳排放交易市场，实行重点单位碳排放报告、核查、核证和配额管理制度。健全统计核算、评价考核和责任追究制度，完善碳排放标准体系。

2016年10月27日，国务院印发的《"十三五"控制温室气体排放工作方案》提出要建设和运行全国碳排放权交易市场，建立全国碳排放权交易制度，启动运行全国碳排放权交易市场，强化全国碳排放权交易基础支撑能力。

2017 年 3 月 14 日，由于 CCER 呈现出自愿减排成交量少、个别项目不规范、供需不平衡等特征，国家发展和改革委员会宣布暂缓受理温室气体自愿减排交易方法学、项目、减排量、审定与核证机构、交易机构备案申请，但存量 CCER 仍可在市场上交易。

2017 年 12 月 18 日，国家发展和改革委员会印发了《全国碳排放权交易市场建设方案（发电行业）》（发改气候规〔2017〕2191 号，以下简称《建设方案》），贯彻落实全国碳排放权交易市场的决策部署，**标志着全国碳市场正式启动**。《建设方案》提出以发电行业为突破口启动全国统一碳市场建设，确定由湖北省和上海市分别牵头承建全国碳排放权注册登记系统和交易系统，全国碳市场进入到基础建设阶段。相较于此前国家发展和改革委员会印发的《关于切实做好全国碳排放权交易市场启动重点工作的通知》将诸多重点行业纳入试点，《建设方案》第一阶段仅纳入了发电行业。

2018 年 3 月 17 日，第十三届全国人民代表大会第一次会议通过《关于国务院机构改革方案的决定》，将环境保护部的职责，国家发展和改革委员会的应对气候变化和减排职责，国土资源部的监督防止地下水污染职责，水利部的编制水功能区划、排污口设置管理、流域水环境保护职责，农业部的监督指导农业面源污染治理职责，国家海洋局的海洋环境保护职责，国务院南水北调工程建设委员会办公室的南水北调工程项目区环境保护职责整合，组建生态环境部，作为国务院组成部门。至此，国家发展和改革委员会关于应对气候变化和减排的职责转由生态环境部负责。

2019 年 3 月 29 日，为规范碳排放权交易，加强对温室气体排放的控制和管理，推进生态文明建设，生态环境部起草发布了《碳排放权交易管理暂行条例（征求意见稿）》，面向全社会公开征求意见。后在 2021 年 3 月 30 日，生态环境部对外发布了《碳排放权交易管理暂行条例》的草案修改稿。此外，国务院也曾在 2021 年、2022 年、2023 年三度将《碳排放权交易管理暂行条例》列入了立法计划。《碳排放权交易管理暂行条例》终于在 2024 年 1 月 25 日正式发布，并于 2024 年 5 月 1 日开始实施。

2019 年 12 月 16 日，财政部印发了《碳排放权交易有关会计处理暂行规定》（财会〔2019〕22 号），对重点排放企业购入、出售以及自愿注销碳排放配额的账务处理，碳排放交易配额和国家核证自愿减排量的信息属性以及相关资产持有和变动信息披露做出明确规定。

2020 年 9 月 22 日，习近平主席在第七十五届联合国大会上指出，中国将提高国家自主贡献力度，采取更加有力的政策和措施，二氧化碳排放量争取于 2030 年前达到峰值，努力争取 2060 年前实现碳中和，此即我国的"双碳"目标。这一承诺，意味着中国作为世界上最大的发展中国家，将完成全球碳排放最高强度降幅，用全球历史上最短的时间实现从碳达峰到碳中和，意味着我们对碳市场的建设和利用达到了新高度和新热情。

2020 年 10 月 21 日，我国对气候变化投融资做出顶层设计。生态环境部、国家发展和改革委员会、中国人民银行、中国银行保险监督管理委员会、中国证券监督管理委员会五部委联合发布《关于促进应对气候变化投融资的指导意见》（环气候〔2020〕57 号），对气候投融资的目标、标准体系，以及政策体系如何构建、如何引导民间资本和外资进入等方面加以明确。

2020 年 11 月，生态环境部就《2019—2020 年全国碳排放权交易配额总量设定与分配实施方案（发电行业）》公开征求意见，首次明确公布了 2 267 家发电企业纳入全国碳排放权交易配额管理的重点排放单位名单。

2020 年 12 月 29 日，全国碳市场配额分配方案正式出台。生态环境部正式发布《2019—2020 年全国碳排放交易配额总量设定与分配实施方案（发电行业）》和《纳入 2019—2020 年全国碳排放权交易配额管理的重点排放单位名单》，标志着全国碳市场配额分配方案正式出台。2020 年纳入全国碳市场的发电行业重点排放单位共计 2 225 家。

2020 年 12 月 31 日，生态环境部发布《碳排放权交易管理办法（试行）》（生态环境部令第 19 号，以下简称《办法》），于 2021 年 2 月施行，对全国碳交易及相关活动进行了全面规范，进一步加强了对温室气体排放的控制和管理，为新形势下加快推进全国碳市场建设提供了更加有力的法治保障，**标志着全国碳排放权交易规范体系的正式运行**（见图 4-1）。作为我国现行有效的关于配额型的碳排放权交易管理和监督的部门规章，《办法》在相关上位法未曾生效之前，作为唯一的整体性文件构建了全国碳排放权交易的基础。《办法》共有 43 条，确定了碳排放权交易机制的基本原则、基本主体、配额交易的基本运作、排放数据报告核查的基本程序和要求、针对

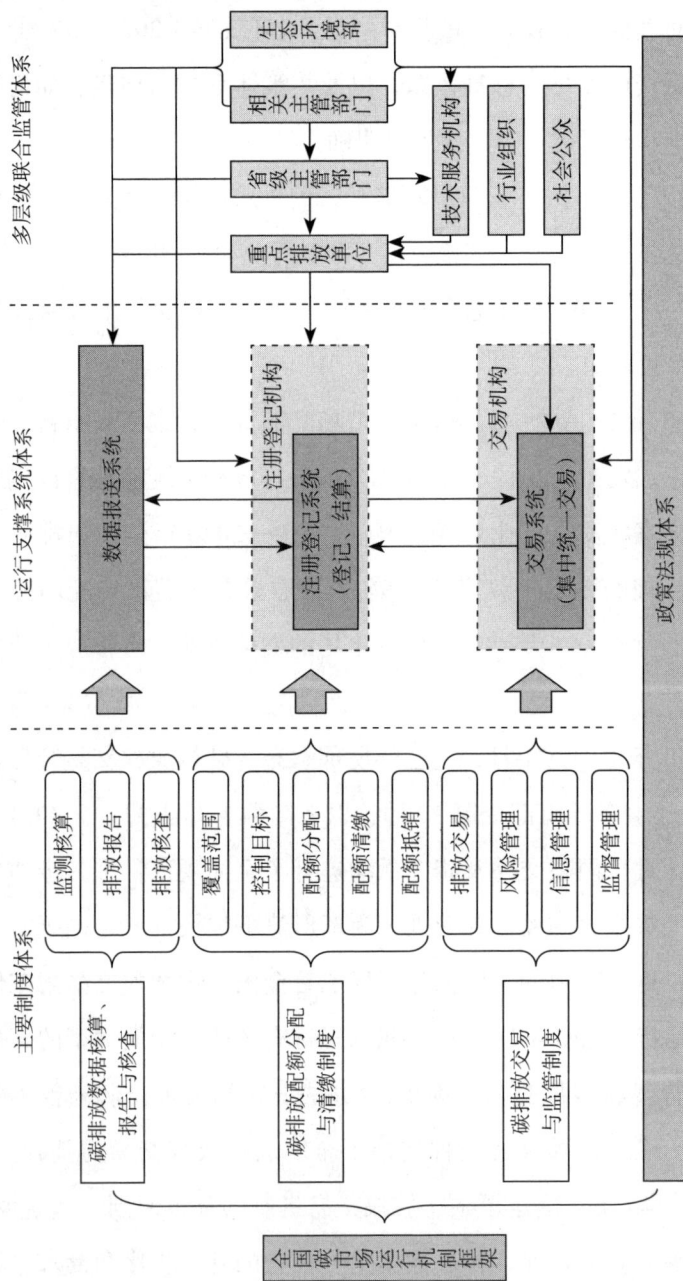

图 4-1 全国碳市场运行机制框架

违法行为的法律责任等。毫无疑问，作为生态环境部制定的部门规章，《办法》在吸收借鉴国家发展和改革委员会出台的部门规章基础上，结合各个试点中比较相近的规定和做法，在全国层面进行了一定程度上的统一，有利于全国性的碳排放权交易的运作和监管。《办法》为全国碳排放权交易机制的建立提供了一定的法律依据和制度基础，是我国碳排放权交易法律制度的基础性文件。从配额交易监督来看，《办法》规定了中央、省、市三级的监管体系。中央一级以生态环境部为主，在承担配额分配、排放报告与核查的监督管理责任外，与其他相关部门共同承担交易监督等职能。地方上由省级生态环境部门负责配额分配和清缴、报告的核查等相关活动，并进行监督管理。在配额的核查方面由省级主管部门进行，同时允许以购买服务方式进行核查。而市一级的生态环境部门负责具体的监督检查工作。同时规定，原则上以上市场监督主体和诸如登记机构、交易所机构等中介服务机构的行为要受到公众的监督。

　　然而，《办法》仍有其自身的局限性。首先，从法律效力上看，其属于部门规章，与碳排放权交易试点中制定的地方政府规章同属一个法律效力层级，相对于法律、行政法规和地方性法规来说，法律位阶较低，法律效力较弱。从作为基础性文件的角色来看，构建我国碳排放权交易法律制度，仍需要更高层级的法律或行政法规进行规制。其次，从规章内容看，《办法》的一些规定比较抽象、模糊和笼统，缺乏明确性和可操作性。例如，针对碳排放配额交易的监管主体方面，规定生态环境部会同国务院其他有关部门对全国碳排放权交易及相关活动进行监督管理和指导，但是具体的部门未明确规定，这无疑会导致出现监管部门缺位或者交叉监管的现象。

2021年1月1日起，我国正式启动全国碳市场第一个履约周期，标志着全国碳市场的建设和发展进入了新的阶段。

2021年3月26日，为规范全国碳排放权交易市场企业温室气体排放报告核查活动，生态环境部根据《碳排放交易管理办法（试行）》编制发布了《企业温室气体排放报告核查指南（试行）》（环办气候函〔2021〕130号），该指南规定了重点排放单位温室气体排放报告的核查原则和依据、核查程序和要点、核查复核以及信息公开等内容。该指南适用于省级生态环境主管部门组织对重点排放单位报告的温室气体排放量及相关数据的核查。对重点排放单位以外的其他企业或经济组织的温室气体排放报告核查，碳排放权交易试点的温室气体排放报告核查，基于科研等其他目的的温室气体排放报告核查，可参考该指南执行。

2021年5月14日，为进一步规范全国碳排放权登记、交易、结算活动，保护全国碳排放权交易市场各参与方的合法权益，生态环境部根据《碳排放权交易管理办法（试行）》，组织制定了《碳排放权登记管理规则（试行）》《碳排放权交易管理规则（试行）》和《碳排放权结算管理规则（试行）》，明确各方权责和运行程序。现阶段全国碳市场交易方式主要包括挂牌协议交易和大宗协议交易。其中，单笔申报数量小于10万吨的采用挂牌协议交易，大于等于10万吨的须采用大宗协议交易。各交易主体可结合自身需求选择合适的交易方式，交易机构设定不同交易方式的涨跌幅比例，实行最大持仓量限制制度和大户报告制度，根据市场风险状况，通过要求交易主体报告情况、发布书面警示和风险警示公告、限制交易等措施，警示和化解风险。注册登记机构对全国碳排放权结算业务实施风险防范和控制，实行结算风险准备金制度和风险警示制度，与交易机构相互配合，建立全国碳排放权交易结算风险联防联控制度。

2021年7月16日，全国碳交易在上海环境能源交易所正式启动，纳入发电行业重点排放单位2 000余家。全国碳市场第一个履约周期年覆盖的二氧化碳排放量约为45亿吨，占全国碳排放量约40%，全国碳市场上线首日成交量410.4万吨，总成交额逾2.1亿元，全天成交均价51.23元/吨，我国已成为全球覆盖碳排放量最大的碳市场。但目前全国碳排放权交易市场采用登记与交易区分管理的方式运作，登记机构负责记录全国碳排放配额（CEA）的持有、变更、清缴、注销等信息并提供结算服务，该机构及系统记录的信息是判断CEA归属的最终依据，交易机构负责组织开展全国碳排放权集中统一交易（包括CEA及其他可能的交易产品）。此时因独立的全国碳排放权注册登记机构及交易机构尚未正式成立，所以是由湖北碳排放权交易中心承担全国碳排放权注册登记系统账户开立和运行维护等具体工作，并由上海环境能源交易所承担全国碳排放权交易系统账户开立和运行维护等具体工作。

2021年9月22日，中共中央、国务院在《关于完整准确全面贯彻新发展理念做好碳达峰碳中和工作的意见》中提出：巩固生态系统碳汇能力，稳定现有森林、草原、湿地、海洋、土壤、冻土、岩溶等的固碳作用，提升生态系统碳汇增量；将碳汇交易纳入全国碳排放权交易市场，建立健全能够体现碳汇价值的生态保护补偿机制。

2021 年 12 月 31 日，全国碳排放权交易市场第一个履约周期（针对 2019—2020 年碳排放配额）清缴活动顺利结束。全国碳市场第一个履约周期共纳入发电行业重点排放单位 2 225 家，年覆盖温室气体排放量约 45 亿吨二氧化碳。自 2021 年 7 月 16 日正式启动上线交易以来，全国碳市场累计运行 114 个交易日，碳排放配额累计成交量 1.79 亿吨，累计成交额 76.61 亿元。按履约量计，履约完成率为 99.5%。2021 年 12 月 31 日收盘价 54.22 元 / 吨，较 7 月 16 日首日开盘价上涨 13%，市场运行健康有序，交易价格稳中有升，促进企业减排温室气体和加快绿色低碳转型的作用初步显现。

2022 年 3 月 10 日，在《关于做好 2022 年企业温室气体排放报告管理相关重点工作的通知》（环办气候函〔2022〕111 号）中，生态环境部确定了全国碳市场第二个履约周期发电行业重点排放单位名单。建材、钢铁、有色、造纸、民航等行业 2020 年或 2021 年温室气体排放量达到 2.6 万吨二氧化碳当量及以上的企业纳入报送温室气体排放报告的名单范围。

2023 年 3 月 13 日，生态环境部印发了《2021、2022 年度全国碳排放权交易配额总量设定与分配实施方案（发电行业）》，明确了发电行业 2021 和 2022 年度配额分配方法与数额，并向重点排放单位账户发放预分配配额，对做好年度配额预分配、调整、核定、预支、清缴履约等管理流程进行了部署。

2023 年 4 月 1 日，国家标准委等十一部门印发《碳达峰碳中和标准体系建设指南》（国标委联〔2023〕19 号），围绕基础通用标准以及碳减排、碳清除、碳市场等发展需求，基本建成碳达峰碳中和标准体系。该指南进一步要求各行业、各领域要按照碳达峰碳中和标准体系建设内容，加快推进相关国家标准、行业标准制修订，做好专业领域标准与基础通用标准、新制定标准与已发布标准的有效衔接。该指南提出的碳达峰碳中和标准体系，包括基础通用标准子体系、碳减排标准子体系、碳清除标准子体系和市场化机制标准子体系等 4 个一级子体系，并进一步细分为 15 个二级子体系、62 个三级子体系，覆盖能源、工业、交通运输、城乡建设、水利、农业农村、林业草原、金融、公共机构、居民生活等重点行业和领域碳达峰碳中和工作，满足地区、行业、园区、组织等各类场景的应用，将为我国碳达峰碳中和目标的达成奠定坚实的基础。

2023 年 10 月 18 日，生态环境部发布《关于做好 2023—2025 年部分重点行业企业温室气体排放报告与核查工作的通知》（环办气候函〔2023〕332 号），启动全国碳市场扩容的基础性工作，规范重点行业企业温室气体排放数据管理。该通知指出，石化、化工、建材、钢铁、有色、造纸、民航等重点行业，年度温室气体排放量达 2.6 万吨二氧化碳当量（综合能源消费量约 1 万吨标准煤）及以上的重点企业将纳入通知年度温室气体排放报告与核查工作范围。此举统一规范了企业层级净购入电量和设施层级消耗电量对应的排放量核算要求，为加速推进全国碳市场扩容奠定了基础。

2023 年 10 月 19 日，生态环境部、国家市场监督管理总局联合编制并发布《温室气体自愿减排交易管理办法（试行）》，这是生态环境部多次在新闻发布会上释放 CCER 重启信号后发布的首份官方管理文件文本，是保障全国温室气体自愿减排交易市场有序运行的基础性制度。《温室气体自愿减排交易管理办法（试行）》共 8 章 51 条，对自愿减排交易及其相关活动的各环节做出规定，明确了项目业主、审定与核查机构、注册登记机构、交易机构等各方的权利、义务和法律责任，以及各级生态环境主管部门和市场监督管理部门的管理责任。**这也意味着国内 CCER 重启正式开始。**

2023 年 10 月 24 日，生态环境部在《关于全国温室气体自愿减排交易市场有关工作事项安排的通告》中指出，2017 年 3 月 14 日前已获得国家应对气候变化主管部门备案的核证自愿减排量，可于 2024 年 12 月 31 日前用于全国碳排放权交易市场抵销碳排放配额清缴，2025 年 1 月 1 日起不再用于全国碳排放权交易市场抵销碳排放配额清缴。这意味着，2024 年 12 月 31 日后，原 CCER 将彻底退出全国碳排放配额抵销机制。

2023 年 10 月 24 日，生态环境部印发了《温室气体自愿减排项目方法学 造林碳汇（CCER—14—001—V01）》等四项方法学，首批公布的方法学包括造林碳汇、并网光热发电、并网海上风力发电以及红树林营造，在参考国际温室气体自愿减排机制通行规则的基础上，综合考虑了我国相关产业政策要求和绿色低碳技术发展趋势，既与国际接轨，也针对中国具体情况强化了监测数据质量，进一步明确了审定与核查的关键环节，既具有中国特色又符合管理实际，有助于产生国际公认的高质量碳信用。四项方法学的发布为全国温室气体自愿减排交易市场的启动提供了配套技术文件支撑。

2023 年 12 月 13 日，中国银行间市场交易商协会发布了《中国碳衍生产品交易定义文件（2023年版）》，该文件向市场参与者提供了碳衍生产品相关交易文件所使用术语的基本定义，可以降低市场交易成本，提高交易效率，促进碳衍生产品市场发展。

2023年12月31日，全国碳排放权交易市场第二个履约周期（针对2021—2022年碳排放配额）的清缴工作顺利结束。该履约周期中纳入发电行业重点排放单位2257家，年覆盖温室气体排放量约51亿吨。2021年和2022年的配额清缴完成率分别为99.61%和99.88%。

2024年1月22日，全国温室气体自愿减排交易市场于北京正式宣布启动。河北塞罕坝机械林场、中国广核集团有限公司、国家电力投资集团有限公司、自然资源部第三海洋研究所4家项目开发单位负责人签署了自愿减排项目开发和减排量交易合规倡议。市场启动首日总成交量375 315吨，总成交额23 835 280元。温室气体自愿减排交易体系是全国碳排放权交易市场和地方碳排放权交易市场低成本履约的补充选择，也是有意愿实现碳中和的企业或活动用于抵销难以减排部分排放的重要选择，并激励未覆盖部门实施减排行动。

2024年1月25日，《碳排放权交易管理暂行条例》正式发布，并于2024年5月1日开始实施。该条例以专项行政法规形式确立和完善碳排放权交易制度，是全国碳排放权交易市场建设的一项关键制度安排，在该条例发布之前，我国还没有关于碳排放权交易管理的法律、行政法规，全国碳排放权交易市场运行管理依据国务院相关部门的规章与规范性文件执行，立法层级较低，权威性不足，难以满足规范交易活动、保障数据质量等需求，这便是该条例急需制定出台的立法背景。该条例共 33 条，从六个方面构建了碳排放权交易管理的基本制度框架，包括：注册登记机构和交易机构的法律地位与职责；碳排放权交易覆盖范围以及交易产品、交易主体和交易方式；重点排放单位确定；碳排放配额分配；排放报告编制与核查；碳排放配额清缴和市场交易。相较于 2019 年生态环境部最初起草的条例征求意见稿而言，该条例在碳排放配额分配、监督管理、罚则等关键条款上结合多年的实践在条款上进行落实。在总体思路上，该条例总结实践经验，坚持全流程管理，覆盖碳排放权交易各主要环节，避免出现制度空白和盲区；立足我国碳排放权交易总体属于新事物、仍在继续探索的实际情况，重在构建基本制度框架，保持相关制度设计必要弹性，为今后发展留有空间；坚持问题导向，针对碳排放数据造假等突出问题，着力完善制度机制，有效防范惩治，保障碳排放权交易政策功能的发挥。

2024 年 6 月 4 日，生态环境部会同国家发展改革委等 15 个部门，共同制订了《关于建立碳足迹管理体系的实施方案》。该方案相较于征求意见稿，内容更加详细且具可操作性，为中国的碳足迹管理提供了明确的路线图和时间表。方案紧扣碳达峰碳中和目标任务，分阶段明确碳足迹管理体系的建设目标：到 2027 年，碳足迹管理体系初步建立。制定发布与国际接轨的国家产品碳足迹核算通则标准，制定出台 100 个左右重点产品碳足迹核算规则标准，产品碳足迹因子数据库初步构建，产品碳足迹标识认证和分级管理制度初步建立，重点产品碳足迹规则国际衔接取得积极进展。到 2030 年，碳足迹管理体系更加完善，应用场景更加丰富。制定出台 200 个左右重点产品碳足迹核算规则标准，覆盖范围广、数据质量高、国际影响力强的产品碳足迹因子数据库基本建成，产品碳足迹标识认证和分级管理制度全面建立，产品碳足迹应用环境持续优化拓展。产品碳足迹核算规则、因子数据库与碳标识认证制度逐步与国际接轨，实质性参与产品碳足迹国际规则的制定。

2024 年 6 月 11 日，国家认证认可监督管理委员会公示了能源产业（可再生 / 不可再生）领域 4 家审定与核查机构，以及林业和其他碳汇类型领域的 5 家审定核查机构，为 CCER 重启的准备工作提供了有力支持。

2024 年 8 月 23 日，国家应对气候变化战略研究和国际合作中心正式发布了《关于受理自愿减排项目与减排量申请的公告》，标志着 CCER 申请通道正式开启。根据《温室气体自愿减排交易管理办法（试行）》以及《关于全国温室气体自愿减排交易市场有关工作事项安排的通告》相关规定，在全国温室气体自愿减排注册登记机构正式成立前，由国家气候战略中心承担自愿减排项目和减排量的登记、注销等工作。2024 年 8 月 23 日起，国家气候战略中心正式受理相关申请，项目业主、国家认证认可监督管理委员会审批的温室气体自愿减排项目审定与减排量核查机构可登录全国温室气体自愿减排注册登记系统及信息平台，进行线上开户及项目登记申请。截至目前，已有多个项目成功登记，包括全国首例新 CCER 项目，显示了碳市场的活力和潜力。

2024 年 9 月 8 日，生态环境部发布《全国碳排放权交易市场覆盖水泥、钢铁、电解铝行业工作方案（征求意见稿）》，全国碳市场首次扩围工作开始有序推进。该方案提出，按照"边实施、边完善"的工作思路，分两个阶段做好水泥、钢铁、电解铝行业纳入全国碳排放权交易市场的相关工作。在启动实施阶段（2024—2026 年），将 2024 年作为水泥、钢铁、电解铝行业首个管控年度，2025 年底前完成首次履约工作。采用碳排放强度控制的思路实施配额免费分配，企业所获得的配额数量与产品产量（产出）挂钩，不设置配额总量上限，将企业配额盈缺率控制在较小范围内。在深化完善阶段（2027 年以后），实现碳排放数据质量全面改善，数据准确性、完整性全面加强；配额分配方法更为科学精准，建立预期明确、公开透明的配额逐步适度收紧机制。

2024 年 10 月 15 日，生态环境部印发实施《2023、2024 年度全国碳排放权交易发电行业配额分配实施方案》，**标志着全国碳市场第三个履约期（针对 2023—2024 年碳排放配额）清缴正式启动。**与前两个履约期相比，本次方案的最大区别在于履约周期由两年变为一年，且基准值有所下降。这对控排企业的履约要求更高，但更有利于碳配额的履约与碳减排，推动碳市场向更加高效、规范的方向发展。

2024 年 11 月 6 日，生态环境部发布《中国应对气候变化的政策与行动 2024 年度报告》，全面介绍了 2023 年以来各领域各部门应对气候变化的政策、措施和重点工作的成效，梳理了中国应对气候变化的新部署和新要求，展示了中国减缓、适应气候变化、全国碳市场建设、政策体系和支撑保障以及积极参与应对气候变化全球治理等方面的进展，并阐述了中方关于《公约》第 29 次缔约方大会的基本立场和主张。

全国碳市场与地方碳市场的关系

如"我国碳市场政策发展历程"小节所述，我国碳市场发展主要体现为地方碳交易试点和全国碳市场两个阶段。经过 10 年的建设，各试点形成了特色鲜明的交易制度，为全国碳市场的建立积累了丰富的实践经验。目前，各试点碳市场与全国碳市场并行，且逐步向全国碳市场过渡，重叠的行业由全国碳市场接管，例如电力行业被纳入全国碳市场管控后，原先在地方碳市场纳入管控的电力企业即进入全国碳市场，不再受地方碳市场的约束。

地方碳交易试点市场和全国碳市场的主要区别如下。

1）覆盖行业不同。目前纳入全国碳市场的只有发电这一个行业，其他行业按照成熟一个纳入一个的原则，逐步扩大全国碳市场的覆盖范围。按照这一原则，试点地方碳市场会在未来一段时间内继续扮演培育市场的角色，即全国碳市场和地方碳市场将会继续并存。根据《碳排放权交易管理办法（试行）》规定，纳入全国碳市场的重点排放单位，不再参与地方碳排放权交易试点市场。而目前地方试点碳市场已覆盖钢铁、电力、水泥等 20 多个行业。地方碳市场先试先行的探索，为全国碳市场顺利开市以及继续深入扩大提供了经验支撑。

2）开户交易资格不同。就碳排放配额而言，目前全国和地方碳市场彼此独立，地方碳排放权交易所允许符合投资者适格性要求的一般机构（非重点排放单位）参与交易，但对全国碳市场而言，尽管法规层面没有对开户交易资格进行明确规定，但目前实操中仅确定的重点排放单位（大型发电企业）能够在全国碳市场开户并参与交易。

全国碳市场的基本规则介绍

如时任生态环境部副部长赵英民在国务院新闻办公室于 2024 年 2 月 26 日举行的国务院政策例行吹风会上所述："中国的碳市场是由全国碳排放权交易市场（也就是强制碳市场）、全国温室气体自愿减排交易市场（也就是自愿碳市场）组成，强制和自愿两个碳市场既各有侧重、独立运行，又互补衔接、互联互通，共同构成了全国碳市场体系。"强制和自愿两个碳市场有各自的法律法规，以下笔者将从两个碳市场的维度分别介绍（本节以下分别简称为全国 CEA 市场和全国 CCER 市场）。

1. 现行法律法规框架概述

具体的现行法律法规框架概述可参照图 4-2。

（1）全国 CEA 市场

如前文所述，生态环境部发布了一系列规则规定全国 CEA 市场的登记、交易、结算等事项，包括《碳排放权交易管理办法（试行）》《碳排放权登记管理规则（试行）》《碳排放权交易管理规则（试行）》和《碳排放权结算管理规则（试行）》。上海环境能源交易所作为全国 CEA 市场交易系统相关工作的承担者亦发布了有关交易事宜的规则，

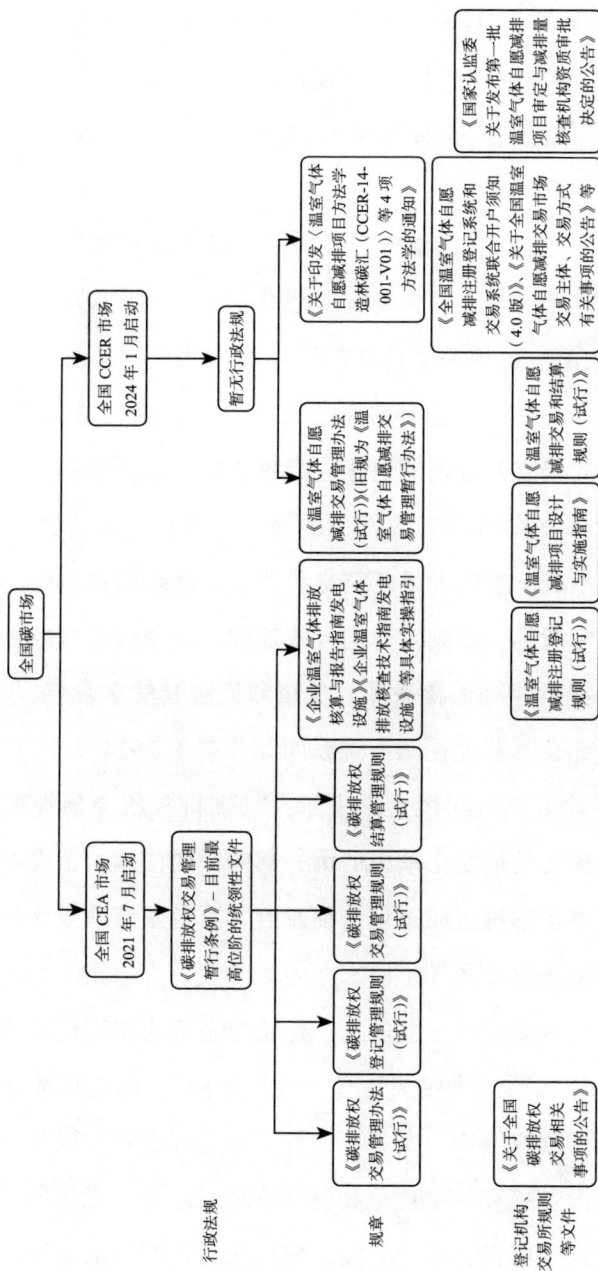

图 4-2 全国 CEA 市场和全国 CCER 市场的法律法规框架

即于 2021 年 6 月 22 日发布了《关于全国碳排放权交易相关事项的公告》。2021 年 7 月 15 日上海环境能源交易所发布《关于全国碳排放权交易开市的公告》，宣布全国 CEA 市场交易于 2021 年 7 月 16 日开市。

国务院于 2024 年 1 月 25 日发布了《碳排放权交易管理暂行条例》（于 2024 年 5 月 1 日起实施），该条例系上述规定的上位法，将成为全国 CEA 市场相关下位法的重要纲领和依据。对于发布条例的必要性，司法部、生态环境部相关负责人表示，"**此前我国还没有关于碳排放权交易管理的法律、行政法规，全国碳排放权交易市场运行管理依据国务院有关部门的规章、文件执行，立法位阶较低，权威性不足，难以满足规范交易活动、保障数据质量、惩处违法行为等实际需要，需制定专门行政法规，为全国碳排放权交易市场运行管理提供明确法律依据，保障和促进其健康发展。**"时任生态环境部副部长赵英民在国务院新闻办公室于 2024 年 2 月 26 日举行的国务院政策例行吹风会上表示："**《碳排放权交易管理暂行条例》是我国应对气候变化领域的第一部专门的法规，首次以行政法规的形式明确了碳排放权市场交易制度，具有里程碑意义。**全国碳排放权交易市场建设两年半以来在各方的大力支持努力下，主要取得了四方面的成效：……建立了一套较为完备的制度框架体系。国务院印发实施《碳排放权交易管理暂行条例》，生态环境部出台管理办法和碳排放权登记、交易、结算 3 个管理规则，以及发电行业碳排放核算报告核查技术规范和监督管理要求等，对注册登记、排放核算、报告、核查、配额分配、配额交易、配额清缴等涉及碳排放权交易的关键环节和全流程提出了明确要求和规范，**初步形成了拥有行政法规、部门规章、标准规范以及注册登记机构和交易机构业务规则组成的全国碳排放权交易市场法律制度体系和工作机制**。"

《碳排放权交易管理暂行条例》部分条款与已有的行政法规等实质一致，相当于对已有的下位法规则从行政法规层面进行确立，部分条款则是全新的规定（例如更严格的法律责任条款），生态环境部网站发布的解读文章中表示："相较于部门规章，《条例》属于位阶更高的行政法规，**在制度内容方面则在充分吸收借鉴已有规章内容的基础上**，结合党中央、国务院关于碳达峰碳中和的国家目标承诺和工作部署，围绕有效控制和减少温室气体排放这一碳达峰碳中和领域的工作重点，**对全国碳排放权交易市场的交易及相关活动提出了更加明确的管理要求**。"

生态环境部于 2024 年 10 月 15 日发布了《关于做好 2023、2024 年度发电行业全国碳排放权交易配额分配及清缴相关工作的通知》（以下简称《配额方案》），《配额方案》总体延续了前两个履约周期的总体框架：一是继续采取以强度控制为思路的基准线法免费分配配额，企业配额量与产量挂钩，未设配额上限约束；二是纳管机组范围与机组分类方式不变，根据燃料类型和装机容量将机组分为四类，差异化确定各类机组基准值；三是鼓励大规模、高能效、低排放机组的导向不变，支持机组掺烧生物质与机组供热；四是履约优惠政策不变，继续实行燃气机组配额缺口豁免政策以及企业 20% 缺口率上限，在推动企业减排的同时降低履约负担。

与此同时，在充分总结前两个履约周期配额分配经验的基础上，结合强制碳市场发展运行情况，《配额方案》在以下四方面进行优化调整。

一是配额核算口径发生变化。为确保配额核定过程中各项参数真实、准确、可靠，《配额方案》将基于"供电量"核定配额调整为基于"发电量"核定配额，发电量参数来自企业读表。前两个履约周期均基于"供电量"核定配额，供电量由机组发电量减去与生产有关的辅助设备消耗的厂用电量计算，涉及参数多、核算核查难度大，数据质量存在风险。另外，前两个履约周期将燃料燃烧二氧化碳排放和购入使用电力产生的间接排放纳入配额管控范围。经测算，发电企业每年的间接排放量低于 500 万吨，在行业排放总量中的占比不足 0.1%。对于发电行业而言，将间接排放纳入配额管理发挥的减排效果有限，却显著增加了报告、核算、核查的工作负担与监管成本。因此，《配额方案》不再将购入使用电力产生的二氧化碳间接排放纳入配额分配的范围，并相应调整了配额基准值。

二是调整配额分配的修正系数。《配额方案》进一步简化和优化各类修正系数，更精准地突出鼓励导向。其一，取消机组供热量修正系数，通过优化调整基准值直接实现对发电机组供热的合理激励；其二，取消机组冷却方式修正系数，由于《配额方案》将基于"发电量"核定配额，空冷机组厂用电对配额分配的影响已从源头消除，故相应取消该修正系数；其三，将"负荷系数修正系数"更名为"调峰修正系数"，并将补偿负荷率上限调整为 65%，更精准鼓励承担调峰任务的机组。

三是引入配额结转政策。为解决企业惜售配额、市场交易不活跃、配额缺口企业履约压力较大等问题，《配额方案》引入了配额结转政策，规定有配额盈余的企业 2019—2024 年度配额结转为 2025 年度配额的具体要求。每家配额盈余企业的配额最大可结转量由两部分组成：一部分是基础结转量，所有企业均拥有 1 万吨的额度，满足了企业灵活做出交易计划、部分缺口企业完成履约后适当留存配额的需求；另一部分是交易结转量，该结转量为企业 2024—2025 年净卖出量的 1.5 倍，净卖出量越多，可结转配额量就越大。在该机制下，不考虑基础结转量的影响，例如配额盈余企业卖出 40% 的盈余配额后，剩余的 60% 盈余配额可结转为 2025 年度配额。其中，净卖出量的统计截止时间定为 2025 年 12 月 31 日，给企业留有充足时间制订交易计划。

四是优化履约时间安排。前两个履约周期均是每两个履约年度在同一时间履约，存在日常交易不活跃但履约截止日前扎堆交易的问题，不利于市场平稳健康发展。此次《配额方案》将 2023 年和 2024 两个年度的履约截止时间分别定为 2024 年底和 2025 年底，实现一年一履约，可有效促进企业交易，提升市场活跃度。⊖

（2）全国 CCER 市场

过去 CCER 不存在一个全国统一的交易市场，根据《温室气体自愿减排交易管理暂行办法》（国家发展和改革委员会于 2012 年 6

⊖　生态环境部应对气候变化司相关负责人就《2023、2024 年度全国碳排放权交易发电行业配额总量和分配方案》答记者问，中华人民共和国中央人民政府。

月 13 日发布并于同日实施[⊖]）的规定，CCER 在经国家主管部门备案的交易机构内依据交易机构制定的交易细则进行交易，实践中前述经国家主管部门备案的交易机构即为各个地方碳交易所，故 CCER 原本只能在九家地方碳交易所进行交易。

但在 2023 年 10 月 19 日，生态环境部、市场监督管理总局发布了《温室气体自愿减排交易管理办法（试行）》，规定生态环境部组织建立统一的全国温室气体自愿减排注册登记机构，组织建设全国温室气体自愿减排注册登记系统，组织建立统一的全国温室气体自愿减排交易机构，组织建设全国温室气体自愿减排交易系统，全国 CCER 市场由此建立起来。

紧接着，生态环境部于 2023 年 10 月 24 日发布了《关于全国温室气体自愿减排交易市场有关工作事项安排的通告》，规定全国温室气体自愿减排注册登记机构成立前，由国家应对气候变化战略研究和国际合作中心承担温室气体自愿减排项目和减排量的登记、注销等工作，负责全国温室气体自愿减排注册登记系统的运行和管理；全国温室气体自愿减排交易机构成立前，由北京绿色交易所提供核证自愿减排量的集中统一交易与结算服务，负责全国温室气体

⊖ 在下文提及的《温室气体自愿减排交易管理办法（试行）》发布并施行后，尽管《温室气体自愿减排交易管理办法（试行）》并未明确规定《温室气体自愿减排交易管理暂行办法》被取代或失效，但 CCER 的主管部门已由国家发展和改革委员会调整为生态环境部，生态环境部在对《温室气体自愿减排交易管理办法（试行）》征求意见的过程中也明确表示生态环境部联合市场监管总局对《温室气体自愿减排交易管理暂行办法》进行了修订，编制形成《温室气体自愿减排交易管理办法（试行）》，因此《温室气体自愿减排交易管理办法（试行）》发布并施行后，该《温室气体自愿减排交易管理暂行办法》已实质上被取代。

自愿减排交易系统的运行和管理；2017 年 3 月 14 日前已获得国家应对气候变化主管部门备案的核证自愿减排量，可于 2024 年 12 月 31 日前用于全国碳排放权交易市场抵销碳排放配额清缴，2025 年 1 月 1 日起不再用于全国碳排放权交易市场抵销碳排放配额清缴。由于存量 CCER 2025 年 1 月 1 日起不能再用于全国碳排放权交易市场抵销碳排放配额清缴，这将会促使存量 CCER 在该期限之前进行交易、抵销和注销，而根据新的《温室气体自愿减排交易管理办法（试行）》登记的项目和减排量日后将在统一的全国 CCER 市场下的交易系统进行交易，可见未来 CCER 将统一至全国市场，关于 CCER 的地方市场将逐渐退出历史舞台。

在交易所层面，北京绿色交易所于 2023 年 8 月 17 日发布了《关于全国温室气体自愿减排交易系统账户开立的通知》以及《关于全国温室气体自愿减排交易系统交易相关服务安排的公告》，规定全国温室气体自愿减排交易系统即日起开通开户功能，全国温室气体自愿减排交易系统管理机构（即北京绿色交易所）接受市场参与主体对登记账户和交易账户的开户申请，交易功能开通时间另行通知。

对于实操及技术支持层面的规则，生态环境部于 2023 年 10 月 24 日发布了《关于印发〈温室气体自愿减排项目方法学 造林碳汇（CCER—14—001—V01）〉等 4 项方法学的通知》，北京绿色交易所于 2023 年 11 月 23 日发布了《全国温室气体自愿减排注册登记系统和交易系统联合开户须知（4.0 版）》以及《温室气体自愿减排交易和结算规则（试行）》，国家气候战略中心组织制定并于 2023 年 11 月 16 日发布了《温室气体自愿减排注册登记规则（试行）》和《温室气体自愿减排项目设计与实施指南》，规定了全国 CCER 市场的登记、交易、结算等相关规则，全国 CCER 市场的具体运行规则开始逐步明确。

在一系列法律法规和规则的铺垫下，万众瞩目的全国温室气体自愿减排交易市场启动仪式于 2024 年 1 月 22 日上午在北京举行，中共中央政治局常委、国务院副总理丁薛祥出席活动，宣布全国温室气体自愿减排交易市场启动。

2024 年 6 月 11 日，国家认可监督管理委员会发布了《国家认监委关于发布第一批温室气体自愿减排项目审定与减排量核查机构资质审批决定的公告》，首批审定与核查机构得以确定，第一批温室气体自愿减排项目审定与减排量核查机构资质审批决定如表 4-1 所示。

表 4-1　首批审定与核查机构

序号	行业领域	机构名称	机构批准号
1	能源产业（可再生 / 不可再生）	中国质量认证中心有限公司	CNCA-R-2002-001
		中国船级社质量认证有限公司	CNCA-R-2002-005
		广州赛宝认证中心服务有限公司	CNCA-R-2002-012
		中环联合（北京）认证中心有限公司	CNCA-R-2002-105
2	林业和其他碳汇类型	中国质量认证中心有限公司	CNCA-R-2002-001
		中国船级社质量认证有限公司	CNCA-R-2002-005
		广州赛宝认证中心服务有限公司	CNCA-R-2002-012
		中环联合（北京）认证中心有限公司	CNCA-R-2002-105
		中国林业科学研究院林业科技信息研究所	CNCA-R-2024-1364

2024 年 12 月 27 日，北京绿色交易所发布了《关于全国温室气体自愿减排交易市场交易主体、交易方式有关事项的公告》，对交易

主体和交易方式有关事项进行了进一步明确。就交易主体而言，现阶段全国温室气体自愿减排交易市场的交易主体为法人和其他组织，其中，生态环境主管部门、市场监管部门、注册登记机构、交易机构、审定与核查机构等《温室气体自愿减排交易管理办法（试行）》明确限制交易的法人和其他组织，不得参与交易；后续将根据市场运行情况，逐步开放自然人交易。就交易方式而言，现阶段全国温室气体自愿减排交易市场的交易方式为挂牌协议；后续将根据温室气体自愿减排项目和减排量登记情况与市场运行情况，适时开放大宗协议交易和单向竞价交易。

2. 交易产品

（1）全国 CEA 市场

全国 CEA 市场目前交易的产品为 CEA 现货，规则层面规定了经国务院批准可以增加其他现货交易产品，⊖但目前实操中交易产品仅为 CEA。

（2）全国 CCER 市场

全国 CCER 市场目前交易的产品为 CCER，规则层面规定了生

⊖　《碳排放权交易管理暂行条例》："碳排放交易产品包括碳排放配额和经国务院批准的其他现货交易产品。"《碳排放权交易管理办法（试行）》《碳排放权交易管理规则（试行）》："全国碳排放权交易市场的交易产品为碳排放配额，生态环境部可以根据国家有关规定适时增加其他交易产品。"国家发展和改革委员会于 2017 年 12 月 18 日发布的《全国碳排放权交易市场建设方案（发电行业）》："初期交易产品为配额现货，条件成熟后增加符合交易规则的国家核证自愿减排量及其他交易产品。"

态环境部可以根据国家有关规定适时增加其他交易产品，[⊖]但目前实操中交易产品仅为 CCER。

3. 交易主体

（1）全国 CEA 市场

目前规则层面规定，重点排放单位和符合国家有关规定的其他主体可以参与全国 CEA 市场交易，全国 CEA 市场初期交易主体为发电行业重点排放单位，条件成熟后，扩大至其他高耗能、高污染和资源性行业，适时增加符合交易规则的其他机构和个人参与交易，[⊖]但目前实操中交易主体仅为发电行业重点排放单位。

重点排放单位的名单由省级生态环境主管部门会同同级有关部门，按照相关法律法规和上级部门制定的确定条件，制定本行政区域年度重点排放单位名录，并向社会公布。例如，北京市生态环境局于 2023 年 3 月 3 日发布《北京市生态环境局关于公布 2023 年度本市纳入全国碳市场管理的排放单位名录的通告》，北京市共有 14 家发电企业（天然气发电机组）纳入全国碳市场重点排放单位名录，应按照国家要求开展碳排放数据报送、核查及配额清缴工作。8 家

⊖ 《温室气体自愿减排交易管理办法（试行）》："全国温室气体自愿减排交易市场的交易产品为核证自愿减排量。生态环境部可以根据国家有关规定适时增加其他交易产品。"

⊖ 《碳排放权交易管理办法（试行）》："重点排放单位以及符合国家有关交易规则的机构和个人，是全国碳排放权交易市场的交易主体。"《碳排放权交易管理规则（试行）》："全国碳排放权交易主体包括重点排放单位以及符合国家有关交易规则的机构和个人。"《全国碳排放权交易市场建设方案（发电行业）》："初期交易主体为发电行业重点排放单位。条件成熟后，扩大至其他高耗能、高污染和资源性行业。适时增加符合交易规则的其他机构和个人参与交易。"

石化、钢铁、建材、民航（机场）等其他行业排放单位纳入报告范围，也应按照国家要求开展碳排放数据报送、核查工作。

由上述规定可见，目前国家正在逐步要求非电力行业的排放单位进行排放数据的报告和核查，可以预见未来会有更多行业的企业被纳入全国 CEA 市场的重点排放单位名录，并可以参加全国 CEA 市场的交易。

此外，值得注意的是，根据《碳排放权交易管理办法（试行）》的规定，纳入全国 CEA 市场的重点排放单位名录的企业，不再参与地方 CEA 交易试点市场。

（2）全国 CCER 市场

《温室气体自愿减排交易管理办法（试行）》规定，符合国家有关规定的法人、其他组织和自然人，可以依照规定参与全国 CCER 交易。

但根据《关于全国温室气体自愿减排交易市场交易主体、交易方式有关事项的公告》的规定，现阶段全国温室气体自愿减排交易市场的交易主体为法人和其他组织，其中，生态环境主管部门、市场监管部门、注册登记机构、交易机构、审定与核查机构等《温室气体自愿减排交易管理办法（试行）》明确限制交易的法人和其他组织，不得参与交易。后续将根据市场运行情况，逐步开放自然人交易。

实操中，根据北京绿色交易所公告的信息，市场参与主体包括：全国重点排放单位、地方重点排放单位、项目业主、其他（符合以下条件的自愿参与的法人和其他组织：①在中华人民共和国境内登记注册，依法设立并有效存续的；②具有良好的信誉，近三年无违法违规行为及其他不良诚信记录；③不存在国家有关规定禁止或限制从事自愿减排交易的情形；④根据市场发展需要和审慎原则规定的其他条件）。

4. 交易基本流程相关规则

（1）全国CEA市场

参与全国CEA市场交易，重点排放单位需要开立账户（包括登记账户、交易账户、资金账户），通过上海环境能源交易所的交易系统进行交易，具体规则如下。

1）开立账户。

发电行业重点排放单位需要开立登记账户、交易账户和资金账户。

a）登记账户。

生态环境部就全国CEA市场中CEA持有、变更、清缴、注销的登记发布了《碳排放权登记管理规则（试行）》，登记账户是记录CEA的持有、变更、清缴和注销等信息的账户，注册登记机构通过**全国碳排放权注册登记系统对CEA的持有、变更、清缴和注销等实施集中统一登记，全国碳排放权注册登记系统记录的信息是判断CEA归属的最终依据，全国碳排放权注册登记机构依申请为登记主体在全国碳排放权注册登记系统中开立登记账户。**

目前实操中由碳排放权登记结算（武汉）有限责任公司（又名"中国碳排放权注册登记结算有限公司"，简称中碳登）为重点排放单位开立登记账户。

值得注意的是，由于目前全国 CEA 市场只对主管部门认定的重点排放单位开放，不允许其他企业进入，为避免出现出借账户等情况，相关规则也明确规定了每个登记主体只能开立一个登记账户，登记主体应当以自身名义申请开立登记账户，不得冒用他人名义或者使用虚假证件开立登记账户。[○]

b）交易账户。

生态环境部就全国 CEA 市场的交易发布了《碳排放权交易管理办法（试行）》《碳排放权交易管理规则（试行）》，交易账户必须是发电行业重点排放单位在交易系统内进行交易的账户。

目前实操中由上海环境能源交易所股份有限公司为发电行业重点排放单位开立交易账户。

同样，根据相关规则，交易主体需要开立实名交易账户，每个交易主体只能开设一个交易账户，可以根据业务需要申请多个操作员和相应的账户操作权限。[○]

c）资金账户。

生态环境部就全国 CEA 市场交易的结算活动发布了《碳排放权

○ 《碳排放权登记管理规则（试行）》："每个登记主体只能开立一个登记账户。登记主体应当以本人或者本单位名义申请开立登记账户，不得冒用他人或者其他单位名义或者使用虚假证件开立登记账户。"

○ 《碳排放权交易管理规则（试行）》："交易主体参与全国碳排放权交易，应当在交易机构开立实名交易账户，取得交易编码，并在注册登记机构和结算银行分别开立登记账户和资金账户。每个交易主体只能开设一个交易账户。"《关于全国碳排放权交易相关事项的公告》："每个交易主体只能开设一个交易账户，可以根据业务需要申请多个操作员和相应的账户操作权限。交易主体应当保证交易账户开户资料的真实、完整、准确和有效。"

结算管理规则（试行）》，资金账户系指发电行业重点排放单位在注册登记机构（实操中目前即中碳登）合作的结算银行[⊖]所开立的资金账户，用于资金方面的操作。[⊜]

2）交易。

就全国 CEA 市场的交易，上海环境能源交易所发布了《关于全国碳排放权交易相关事项的公告》，发电行业重点排放单位应当通过交易系统进行交易。实操中，上海环境能源交易所官网发布了全国碳排放权交易系统的客户端下载链接。全国 CEA 市场的交易方式包括协议转让（包括挂牌协议交易和大宗协议交易）、单向竞价或者其他符合规定的方式。

发电行业重点排放单位应当对每日交易结算结果进行核对。根据《碳排放权结算管理规则（试行）》，在当日交易结束后，注册登记机构应当根据交易系统的成交结果，按照货银对付的原则，以每个交易主体为结算单位，通过注册登记系统进行碳排放配额与资金的逐笔全额清算和统一交收。当日完成清算后，注册登记机构应当

⊖ 《碳排放权结算管理规则（试行）》："注册登记机构负责全国碳排放权交易的统一结算，管理交易结算资金，防范结算风险。""注册登记机构应当选择符合条件的商业银行作为结算银行，并在结算银行开立交易结算资金专用账户，用于存放各交易主体的交易资金和相关款项。注册登记机构对各交易主体存入交易结算资金专用账户的交易资金实行分账管理。注册登记机构与交易主体之间的业务资金往来，应当通过结算银行所开设的专用账户办理。""注册登记机构应与结算银行签订结算协议，依据中国人民银行等有关主管部门的规定和协议约定，保障各交易主体存入交易结算资金专用账户的交易资金安全。"

⊜ 实操中目前中碳登官网的交易清算服务一栏中提供了中国民生银行的"民生市场通"以及中国农业银行的"农银碳服"的操作手册，企业可线上操作，签约"民生市场通"或"农银碳服"的服务协议，将企业自有的民生银行或农业银行账户与其登记账户、交易账户绑定，即作为资金账户。

将结果反馈给交易机构。经双方确认无误后，注册登记机构根据清算结果完成碳排放配额和资金的交收。当日结算完成后，注册登记机构向交易主体发送结算数据。如遇到特殊情况导致注册登记机构不能在当日发送结算数据的，注册登记机构应及时通知相关交易主体，并采取限制出入金等风险管控措施。交易主体应当及时核对当日结算结果，对结算结果有异议的，应在下一交易日开市前，以书面形式向注册登记机构提出。交易主体在规定时间内没有对结算结果提出异议的，视作认可结算结果。

（2）全国 CCER 市场

全国 CCER 市场交易的框架逻辑与全国 CEA 市场一致，同样需要开立相关账户并通过全国温室气体自愿减排交易系统进行交易，本部分不再重复描述。特别指出的是，目前 CEA 仅重点排放单位可参与，但如上所述，根据北京绿色交易所公告的信息，CCER 市场参与主体除了重点排放范围和项目业主，还包括符合以下条件的自愿参与的法人和其他组织：①在中华人民共和国境内登记注册，依法设立并有效存续的；②具有良好的信誉，近三年无违法违规行为及其他不良诚信记录；③不存在国家有关规定禁止或限制从事自愿减排交易的情形；④根据市场发展需要和审慎原则规定的其他条件。因此理论上若投资机构符合上述条件，也可参与 CCER 市场。

如上所述，北京绿色交易所已发布《全国温室气体自愿减排注册登记系统和交易系统联合开户须知（4.0 版）》和《温室气体自愿减排交易和结算规则（试行）》，国家气候战略中心组织已发布《温室气体自愿减排注册登记规则（试行）》，对市场主体开立账户、交易等进行指导，但目前生态环境部除了《温室气体自愿减排交易管理办法（试行）》这一办法，生态环境部还未发布关于全国CCER事项运行的具体登记、交易、结算规则，未来生态环境部可能会像对待全国CEA市场一样，针对全国CCER也出台具体的登记、交易、结算规则，从部门规章的层级上将这些规则确立下来。

5. 交易风险管理相关规则

（1）全国CEA市场

为满足全国CEA市场健康发展的需求，全国CEA市场已形成一系列风险管理相关的规则，主要体现在《碳排放权交易管理规则（试行）》中，包括**涨跌幅限制制度**（即交易机构应当设定不同交易方式的涨跌幅比例，并可以根据市场风险状况对涨跌幅比例进行调整）、**最大持仓量限制**（即交易主体交易产品持仓量不得超过交易机构规定的限额，交易机构对交易主体的最大持仓量进行实时监控）、**大户报告制度**（即交易主体的持仓量达到交易机构规定的大户报告标准的，交易主体应当向交易机构报告）、**异常交易监控制度**（即交易主体违反规则的，例如内幕交易、操纵市场等，对市场正在产生或者将产生重大影响的，交易机构可以对该交易主体采取限制资金或交易产品的划转和交易，或者限制相关账户使用的临时措施）等。

（2）全国CCER市场

就全国CCER市场，北京绿色交易所发布的《温室气体自愿减排交易和结算规则（试行）》，也有类似上述全国 CEA 市场的交易风险管理的相关规定。

6. 排放核查与配额清缴相关规则

纳入全国 CEA 市场的重点排放单位需要向分配 CEA 的省级生态环境主管部门清缴上年度的 CEA，清缴也是全国 CEA 市场交易运转的重要基础。根据《碳排放权交易管理暂行条例》《碳排放权交易管理办法（试行）》的规定，重点排放单位应当如实准确统计核算本单位温室气体排放量，编制上一年度温室气体排放报告，并按照规定将排放统计核算数据、年度排放报告报送其生产经营场所所在地省级生态环境主管部门，省级生态环境主管部门应当对重点排放单位报送的年度排放报告进行核查（可委托技术服务机构进行技术审核），重点排放单位应当根据省级生态环境主管部门对年度排放报告的核查结果，按照国务院生态环境主管部门规定的时限，足额清缴 CEA。清缴量应当大于等于省级生态环境主管部门核查结果确认的该单位上年度温室气体实际排放量。在登记账户中，注册登记机构会根据经省级生态环境主管部门确认的 CEA 清缴结果办理清缴登记。

7. CCER 抵销[⊖]相关规则

CCER 可以用于全国碳市场重点排放单位抵销 CEA 的清缴，根据《碳排放权交易管理办法（试行）》，抵销比例不得超过应清缴

⊖ 部分法规使用"抵销"一词，部分法规使用"抵消"一词，由于在本书语境下无区别，本书统一使用"抵销"的表述。

CEA 的 5%，抵销的 CCER 会在国家温室气体自愿减排交易注册登记系统注销，注册登记机构核验注销证明材料后，为重点排放单位办理抵销登记。

地方碳市场的基本规则介绍

地方碳市场的基本规则与上述全国碳市场的基本规则在框架上基本一致，都规定了关于交易产品、交易主体、交易基本流程、交易风险管理、排放核查与配额清缴、CCER 抵销的相关规则，但细节上有一些差别。

总结而言，就交易产品：①除四川不存在地区碳配额制度因而交易产品不包括碳配额外，其余地区均可以交易碳配额，地方碳市场交易的碳配额为各地区重点排放单位所获得的碳排放配额（纳入全国碳市场管理的重点排放单位所获得的碳排放配额系在全国市场进行交易）；② CCER 过去仅在地方碳市场进行交易，但目前我国已建立全国 CCER 市场，过去备案的 CCER 从 2025 年 1 月 1 日起不再用于清缴，未来 CCER 将会逐渐统一在全国碳市场进行交易；③部分地方市场还存在地区核证自愿减排量，各地区核证自愿减排量分别在各地方碳市场进行交易；④部分地方碳市场已经开始探索碳金融产品的交易。

就交易主体，重点排放单位属于当然的交易主体，各地均允许符合一定条件的法人参与交易，部分地区的规定允许合伙企业和自然人参与交易。具体可见表 4-2。

表 4-2 全国市场与各地交易产品、交易主体与 CCER 抵销机制的情况介绍

市场	交易产品	交易主体	CCER 抵销机制
全国市场	CEA、CCER	CEA：纳入全国碳市场管理的重点排放单位（目前为发电行业重点排放单位）；CCER：重点排放单位业主、法人和其他（具体要求可见前文）；后续将根据市场运行情况，逐步开放自然人交易	自愿减排量类别：CCER 比例限制：不得超过应清缴碳排放配额的 5% 类型限制：无 地域限制：无 时效限制：2017 年 3 月 14 日前已获得国家应对气候变化主管部门备案的核证自愿减排量，可于 2024 年 12 月 31 日前用于全国碳市场抵销碳排放配额清缴，2025 年 1 月 1 日起不再用于全国碳市场抵销碳排放配额清缴
北京市	北京市碳排放配额（代码 BEA）①、CCER、地区核证自愿减排量（节能项目碳减排量、林业碳减排量②）③	重点排放单位④、法人、自然人	自愿减排量类别：CCER 及地区核证自愿减排量 比例限制：不高于其当年核证排放量的 5%（京外项目产生的 CCER 不得超过 2.5%） 类型限制：CCER 须是非来自减排 HFCs、PFCs、N₂O、SF₆ 气体的项目及水电项目的碳减排量；就节能项目的碳减排量、余热余压利用、电机系统、能量系统优化、绿色照明改造、建筑节能改造等，且采用的技术、工艺、产品先进适用，暂不考虑余热余压外购热力相关的节能项目和森林碳汇项目碳减排量，须是造林碳汇项目和森林经营碳汇项目 地域限制：优先使用河北省、天津市等与本市签署应对气候变化、生态建设、大气污染治理等相关合作协议地区的 CCER；地区核证自愿减排量则须是本市辖区内的 时效限制：CCER 须是 2013 年 1 月 1 日后实际产生的；就节能管理项目或是 2013 年 1 月 1 日后签订合同的合同能源管理项目或是 2013 年 1 月 1 日后启动实施的节能技改项目；就林业碳汇项目，须满足造林碳汇项目适用地为 2005 年 2 月 16 日以来的无林地，森林经营碳汇项目于 2005 年 2 月 16 日之后开始实施⑤

（续）

市场	交易产品	交易主体	CCER 抵销机制
天津市	天津市碳排放配额（代码 TJEA）⑥、CCER	重点排放单位、企业/机构⑦、个人⑧	自愿减排量类别：CCER 比例限制：不超过重点排放单位当年实际碳排放量的10% 类型限制：仅来自二氧化碳气体项目，且不包括来自水电项目的减排量 地域限制：至少50%来自京津冀地区 时效限制：全部减排量均应产生于2013年1月1日后⑨
上海市	上海碳排放配额（代码 SHEA）⑩、CCER	重点排放单位、法人或其他经济组织⑪	自愿减排量类别：CCER 比例限制：不超过重点排放单位该年度通过分配取得的配额量的5%；不超过企业经本市生态环境局审定的年度碳排放量的3% 类型限制：非水电项目 地域限制：未明确规定 时效限制：2013年1月1日后实际产生的减排量；所用于抵销的自愿减排项目，应该是其所有核证减排量均产生于2013年1月1日后的项目⑫
重庆市	重庆碳排放配额（代码 CQEA）、CCER、地区核证自愿减排量（CQCER）⑬	重点排放单位、法人、合伙企业及其他组织⑭	自愿减排量类别：CCER、CQCER 比例限制：应清缴碳排放配额的10%，且使用的减排量中产生于本市行政区域内的比例应为60%以上 类型限制：重点排放单位使用减排量的具体比例，使用减排项目的具体类型在配额分配方案中明确；就 CQCER，项目全部减排量原则上均应产生在重庆市行政区域内 时效限制：就 CCER，项目投入运行的时间应于2014年6月19日之后，项目减排量应产生于2016年1月1日之后⑮
湖北省	湖北碳排放配额（代码 HBEA）⑯、CCER	重点排放单位、企业法人、其他经济组织⑰或自然人⑱	自愿减排量类别：CCER 比例限制：不超过该企业年度碳排放初始配额的10% 类型限制：已在国家备案的农村沼气、林业类项目产生的减排量 地域限制：在本省行政区域内产生，项目具体地区为2013年为长江中游城市群（湖北）区域的贫困县（包括国定和省定） 时效限制：项目计入期为2013年1月1日—2015年12月31日⑲

地区	碳资产种类	交易主体	自愿减排量限制
广东省	广东省碳排放配额（代码 GDEA）㉒、CCER、地区核证自愿减排量（PHCER）㉓	重点排放单位；法人、基金、信托等非法人机构；个人㉔	自愿减排量类别：CCER、PHCER 比例限制：CCER 和 PHCER 的总量不得超过本企业 2022 年度实际碳排放量的 10% 类型限制：就 CCER，须主要来自 CO₂、CH₄ 减排项目（即这两种温室气体减排量应占该项目所有温室气体（不含煤层气）等化石能源的发电、供热和余能（含余热、余压、余气）利用项目；就 PHCER，须符合《广东省碳普惠交易管理办法》要求，并按照本省有关规定进行统一注册登记 地域限制：必须有 70% 以上是本省 CCER 或 PHCER 时效限制：非来自在联合国清洁发展机制执行理事会注册前就已经产生减排量的清洁发展机制项目㉕
深圳市	深圳市碳排放配额（代码 SZEA）、CCER、地区核证自愿减排量（碳普惠核证自愿减排量）、国际核证自愿减排量㉖	重点排放单位、法人或非法人组织、个人㉗	自愿减排量类别：CCER、地区核证自愿减排量 比例限制：不超过不足以履约部分的 20% 类型限制：《深圳市碳排放权交易管理规定（暂行）》曾有规定，但该暂行办法目前公开官方渠道无法找到；《深圳市碳排放权交易管理规定（暂行）》曾有规定，但该暂行办法目前公开官方渠道无法找到㉘ 地域限制：有规定，但该暂行办法目前公开官方渠道无法找到 时效限制：无㉙
福建省	福建省碳排放配额（代码 FJEA）、CCER、地区核证自愿减排量（FFCER）㉚	重点排放单位、法人、其他经济组织㉛和自然人㉜	自愿减排量类别：CCER、FFCER 比例限制：用于抵消的经备案的减排量总量不得高于其当年经确认的排放量的 10%，用于抵消的林业碳汇项目减排量不得超过当年经确认的其他类型项目减排量的 10%，用于抵消的其他类型项目减排量不得超过当年经确认排放量的 5% 类型限制：就 CCER，须来自 CO₂、CH₄ 气体的项目减排量，且非水电项目所产生的减排量；就 FFCER，须满足省碳汇办备案方法学开发 地域限制：在本省行政区域内产生；就 FFCER，须参照国家发展和改革委员会或省碳交易办参照国家方法学开发 时效限制：就 FFCER，项目应当是 2005 年 2 月 16 日之后开工建设㉝

（续）

市场	交易产品	交易主体	CCER 抵销机制
四川省	CCER②、地区核证自愿减排量（成都市"碳惠天府"③机制碳减排量④）	重点排放单位、机构④、个人⑤	一

① 《北京绿色交易所碳排放权交易规则（试行）》："在本所市场挂牌的交易品种包括：（一）碳排放配额（代码 BEA）；（二）经相关主管部门批准的其他交易产品。"

② 相关规则包括《北京市碳排放权抵消管理办法（试行）》等。

③ 地区核证自愿减排量与 CCER 一致，即由主管部门核证自愿减排量的碳信用资产，地区核证自愿减排量的核证备案一般由省级、市级生态环境部门负责。

④ 根据《北京市碳排放权交易管理办法（试行）》的规定，碳排放权等法人单位是指本市行政区域内年综合能源消费总量 2000 吨标准煤（含）以上，且在中国境内注册登记的企业、事业单位等法人单位。报告单位中自愿参与碳排放权交易的非履约重点排放单位、国家核证自愿减排量等法人单位，参照重点排放单位进行管理。

⑤ 北京市抵销相关规则可见《北京市碳排放权抵消管理办法（试行）》。

⑥ 《天津市碳排放权交易规则（暂行）》："交易标的为碳配额（代码 TJEA）、核证自愿减排量（代码 CCER），经天津市生态环境主管部门批准的其他交易品种。"

⑦ 《天津市碳排放权交易规则（暂行）》未明确排除非法人，但申请材料中包含法定代表人材料的要求，因此合格企业等非法人机构、资管产品等是否可以参与交易存在不确定性。

⑧ 《天津市碳排放权交易规则（暂行）》未明确具体要求。

⑨ 天津市抵销相关规则可见《天津市发展和改革委员会关于天津市碳排放权交易试点利用抵消机制有关事项的通知》《天津市 2022 年度碳排放配额分配方案》。

⑩ 《上海环境能源交易所碳排放交易规则》："交易所上市交易的交易品种为在上海市碳排放配额登记注册系统中登记的各年度碳排放配额（SHEA），以及经市主管部门批准的其他交易品种。"

⑪ 《上海环境能源交易所碳排放交易规则》未排除非法人，但要求中包含注册资本的要求，因此合格企业等非法人机构、资管产品等是否可以参与交易存在不确定性。

⑫ 上海市抵销相关规则可见《关于本市碳排放交易试点履约期间有关抵销机制使用规定的通知》《上海市发展和改革委员会关于本市碳排放交易试点期间有关抵销机制规范使用抵销机制的通知》《上海市碳排放配额分配方案》等。

⑬《重庆碳排放权交易中心"碳惠通"项目核证自愿减排量（2024年修订）》："第六条　在交易中心交易的品种包括：（一）重庆碳排放配额（CQEA）；（二）重庆碳排放权交易中心"碳惠通"项目核证自愿减排量（CQCER）；（三）其他经国家和本市批准的交易品种。"

⑭《重庆碳排放权交易中心碳排放交易细则（2024年修订）》："第十条　申请成为交易主体的机构应当符合以下条件：（一）依法设立的企业法人、合伙企业及其他组织，注册资本不得低于人民币100万元，合伙企业经净资产不得低于人民币50万元；（三）具有从事碳排放交易或管理相关能力的人员；（四）具备一定的投资经验，较高的风险识别能力和风险承受能力；（五）交易中心规定的其他条件。"

⑮ 重庆市抵销相关规则可见《重庆市碳排放配额管理细则（试行）》《重庆市生态环境局关于印发重庆市"碳惠通"生态产品价值实现平台管理办法（试行）的通知》。

⑯《湖北碳排放权交易中心交易规则》："在本交易中心交易的标的物为：（一）湖北省温室气体排放分配配额（Hubei Emission Allowances，以下简称HBEA）；（二）经国家自愿减排交易登记簿登记备案的中国核证自愿减排量（Chinese Certified Emission Reduction，以下简称CCER）；（三）经主管部门认定的其他交易品种。"

⑰《湖北碳排放权交易中心会员管理暂行办法（试行）（2024年修订）》："申请碳交易会员资格的单位应当符合下列条件：（一）依法设立的企业法人或其他经济组织；（三）具有良好的商业信誉，无违法违规行为；（四）本中心规定的其他条件。"

⑱《湖北碳排放权交易中心会员管理暂行办法（试行）（2024年修订）》："申请碳交易会员资格的自然人应当符合下列条件：（一）具有完全民事行为能力的自然人；（二）严格遵守本中心交易业务各项规则；（三）有经常居住地及有效身份证明；（四）持有证券、期货、基金等理财、碳交易等投资理财、碳交易市场基础知识和识别考核，具备一定交易能力；（五）开户时通过上载交易资账户满一年，且近一年交易水累计不低于人民币50万元；（六）本中心规定的其他条件。"

⑲ 湖北省碳排放抵销相关规则可见《湖北省碳排放权交易管理和交易暂行办法》《湖北省碳排放抵销机制有关事项的通知》。

⑳《广州碳排放权交易中心广东碳排放配额交易规则（2019年修订）》："本规则所称交易标的主要包括：（一）广东省碳排放配额（GDEA）；（二）经广东省生态环境厅批准核证减排量的其他交易品种。"

㉑ 相关规则包括《广州碳排放权交易中心广东碳排放配额交易规则（2019年修订）》《广州碳排放权交易中心广东省碳普惠制核证减排量交易规则》等。

㉒《广州碳排放权交易中心广东碳排放配额交易规则》，根据广州碳排放权交易中心发布的公告和新闻，其中对个人申请者的金融资产并无严格的限制，但在申请阶段，交易所所称阶段，交易所会对申请人进行风险评估。

㉓ 广东省抵销相关规则可见《广东省生态环境厅关于做好我省控排企业2021年度碳排放报告核查和配额清缴相关工作的通知》。

㉔《深圳排放权交易所所有限公司碳交易现货交易规则》："(本所挂牌交易：（一）国家排放配额；（二）国家生态环境主管部门批准的其他交易品种；（五）经市生态环境主管部门批准的其他交易品种。国际核证自愿减排量是指由国际广泛认可的自愿减排机制（GS、VCS等）核证签发的减排量。"

㉕《深圳排放权交易所有限公司投资者适当性管理细则（暂行）》规定："本所可对参与本所碳排放权交易业务的投资者设准入条件。投资者准入条件包括但不限于财务状况、投资知识水平、投资经验、诚信记录等方面的要求，但目前规则层面尚未明确具体要求。"

㉖ 深圳市抵销相关规则可见《深圳市碳排放权交易管理办法》等。

㉗ 相关规则包括《福建省碳排放权交易管理办法（试行）》《福建省林业碳汇减排量（FFCER）交易规则（试行）》等。

㉘《福建省碳排放权交易规则（试行）》："下列碳排放权产品可以在海峡股权交易中心挂牌交易：（一）我省碳排放配额（FJEA）；（二）国家核证自愿减排量（CCER）；（三）我省林业碳汇减排量（FFCER）；（四）省级碳排放权交易主管部门核准的其他碳排放权交易产品等可以交易。"

㉙《福建省碳排放权交易规则（试行）》未明确具体要求。

㉚《福建省碳排放权交易规则（试行）》未明确具体要求（自然人用），自然人需提供50万元的金融资产证明。

㉛ 福建省抵销相关规则可见《福建省碳排放权交易抵消管理办法（试行）》。

㉜《四川联合环境交易所所碳交易规则》："碳排放权交易产品包括：（一）碳排放权配额：是指国务院碳交易主管部门或省级碳交易主管部门分配给重点排放单位指定时期内的排放额度，是碳排放权的凭证和载体。1单位碳配额相当于1吨二氧化碳当量；排放配额按年度配额细分，每一年度的排放配额为一个交易品种；（二）国家核证自愿减排量：是指依据国家发展改革委发布的《温室气体自愿减排交易管理暂行办法》的规定，经其备案并在国家温室气体自愿减排注册登记系统中签发的CCER为一个交易品种，简称CCER；（三）国务院碳交易主管部门批准并经国务院碳交易主管部门备案的每一个自愿减排项目所产生的CCER为一个交易品种；（四）省级碳交易主管部门批准的其他碳排放权交易产品。"

㉝ 相关规则包括《成都市人民政府关于构建"碳惠天府"机制的实施意见》《成都市深化"碳惠天府"机制建设行动方案》等。

㉞ 四川碳交易所所的规则未明确具体要求，未明确规定合伙企业等非法人机构、资产产品等是否可以参与交易。

㉟《四川联合环境交易所碳排放权交易规则（试行）》未明确具体要求，根据四川联合环境交易所碳排放权的开户流程，投资者需要填写问卷进行风险评估。

国内碳市场实务

第一节　国内碳资产一级市场项目开发实务

在本章中，笔者将结合现行的制度和实际的项目经验，详细阐述一级市场中碳资产的开发流程和要求。如前文所述，碳资产主要分为两大类：碳排放权和自愿减排量。碳排放权是根据国家或地区行政机关的减排目标，以类似行政许可的方式产生的。而不同标准的自愿减排量项目的开发流程虽各有特色，但也有许多相似之处。笔者将以 CCER 项目为例，详细介绍碳资产的开发过程以及实务要点。

主要 CCER 项目参与方及资质要求

在常见的 CCER 项目中，主要的参与主体包括项目业主、项目开发咨询机构、审定与核证机构以及主管政府部门。项目业主通常是项目的所有权人或使用权人。项目开发咨询机构如其名，是由项目业主聘请的，专门负责碳资产项目开发的咨询机构，它们在项目中的角色类似于上市项目的保荐人，负责协调 CCER 项目中的各方主体，并编制项目设计文件。至于主管部门，原本是由国家发展改革委○负责，现变更为生态环境部○。

特别需要注意的是，审定与核查机构在 CCER 项目中扮演着重要的角色。根据现行有效的《温室气体自愿减排交易管理办法（试行）》的规定，CCER 项目经审定与核查机构出具项目审定报告后，方可向注册登记机构申请温室气体自愿减排项目登记，经其出具减排量核查报告后，项目业主可以向注册登记机构申请项目减排量登记。因此，从事上述 CCER 项目审定和减排量核查业务的审定与核查机构应运而生。这些机构需要满足以下条件：

1）具备开展审定与核查活动相配套的固定办公场所和必要的设施。

2）具备十名以上相应领域具有审定与核查能力的专职人员，其中至少有五名人员具有二年及以上温室气体排放审定与核查工作经历。

3）建立完善的审定与核查活动管理制度。

4）具备开展审定与核查活动所需的稳定的财务支持，建立与业务风险相适应的风险基金或者保险，有应对风险的能力。

○ 根据《温室气体自愿减排交易管理暂行办法》第四条，国家发展改革委作为温室气体自愿减排交易的国家主管部门，依据本暂行办法对中华人民共和国境内的温室气体自愿减排交易活动进行管理。

○ 根据生态环境部于 2023 年 10 月 19 日发布的《温室气体自愿减排交易管理办法（试行）》第五条，生态环境部按照国家有关规定建设全国温室气体自愿减排交易市场，负责制定全国温室气体自愿减排交易及相关活动的管理要求和技术规范，并对全国温室气体自愿减排交易及相关活动进行监督管理和指导。

5）符合审定与核查机构相关标准要求。

6）近五年无严重失信记录。

审定与核查机构纳入认证机构管理，需经由市场监管总局会同生态环境部根据工作需要制定并公布审定与核查机构需求信息，组织相关领域专家组成专家评审委员会，对审批申请进行评审，经审核并征求生态环境部同意后，按照资源合理利用、公平竞争和便利、有效的原则，做出是否批准的决定。2024 年 1 月 19 日，国家认证认可监督管理委员会已做出接受能源产业、林业和其他碳汇类型合计 9 家拟从事审定与核查机构的审批申请公告，并于 2024 年 6 月 7 日正式公告，宣布首批申请并已通过评审的审定与核查机构，包括能源产业 4 家：中国质量认证中心有限公司、中国船级社质量认证有限公司、广州赛宝认证中心服务有限公司以及中环联合（北京）认证中心有限公司；林业和其他碳汇类型 5 家：中国质量认证中心有限公司、中国船级社质量认证有限公司、广州赛宝认证中心服务有限公司、中环联合（北京）认证中心有限公司以及中国林业科学研究院林业科技信息研究所。

主要 CCER 项目开发流程介绍

根据《温室气体自愿减排交易管理办法（试行）》，2017 年 3 月 14 日前获得国家应对气候变化主管部门备案的温室气体自愿减排项目应当按照其规定，重新申请项目登记，而已获得备案的减排量则可以按照国家有关规定继续使用。根据《温室气体自愿减排交易管理办法（试行）》和《温室气体自愿减排项目设计与实施指南》及在

CCER 项目中的实操做法，CCER 项目的开发基本上与清洁发展机制项目方法体系类似，从开始准备、实施，到最终产生减排量，主要包括五个步骤：项目前期评估、项目设计与审定、项目登记、减排量监测与核查和减排量登记。

1. 项目前期评估

在项目前期评估阶段，项目业主应选择专业的项目开发咨询机构，并由项目开发咨询机构根据项目业主提供的基本信息总体识别进行 CCER 项目开发的可行性，包括确认项目开工建设时间、是否有适用的方法学以及是否符合真实性、唯一性和额外性要求。

首先，根据《温室气体自愿减排交易管理办法（试行）》第十条规定，申请登记的温室气体自愿减排项目应于 2012 年 11 月 8 日之后开工建设。因此 CCER 项目的开工建设时间需要满足上述法规要求。

其次，在自愿减排项目中，方法学系作为相关领域自愿减排项目审定、实施与减排量核算、核查的依据，明确规定了自愿减排项目适用条件、减排量核算方法、监测方法、项目审定与减排量核查要求等内容，并明确可申请项目减排量登记的时间期限。对于 CCER 项目而言，必须采用由生态环境部组织制定并发布的方法学进行开发，截至 2024 年 6 月 30 日，生态环境部已公布的 CCER 项目方法学共 4 种，分别适用于造林碳汇、光热电、海上风力发电及红树林营造领域的项目。若该项目在现有方法学库中无对应方法学可用，须待生态环境部发布对应的新方法学后，方可进行开发。因此，若项目暂无对应方法学，短期内则不具备开发可能性。

最后，关于项目的真实性、唯一性与额外性，系惯常各类自愿减排项目中的基本要求。

2. 项目设计与审定

在项目设计阶段，项目业主需要配合项目开发咨询机构完成CCER 项目的设计文件（PDD），这个阶段标志着 CCER 项目开发的正式启动。PDD 设计文件是申请 CCER 项目的必要材料之一，包含了对项目的详细描述，包括项目的背景、目标、技术措施方案、减排量计算方法、监测计划、环境影响和可持续发展评估等相关信息。PDD设计文件的编写依据主要参照《温室气体自愿减排项目设计与实施指南》中的项目设计文件模板，这进一步规范了 CCER 项目的开发流程，为项目业主及项目开发咨询机构提供了更为明确和具体的指导。

待 PDD 设计文件完成后，项目业主应选择合适的审定与核查机构开展项目审定工作，与此同时，项目业务应当通过注册登记系统[⊖]公示项目设计文件及委托的审定与核查机构名称，公示期为 20个工作日，其间由公众通过注册登记系统提出意见。根据项目业主提交的 PDD 设计文件及其他必要文件，审定与核查机构应根据国家市场监督管理总局于 2023 年 12 月 25 日发布并实施的《温室气体自愿减排项目审定与减排量核查实施规则》专门对 CCER 项目进行审

⊖ 根据《温室气体自愿减排交易管理办法（试行）》第六条，生态环境部按照国家有关规定，组织建立统一的全国温室气体自愿减排注册登记机构（以下简称注册登记机构），组织建设全国温室气体自愿减排注册登记系统（以下简称注册登记系统）。注册登记机构负责注册登记系统的运行和管理，通过该系统受理温室气体自愿减排项目和减排量的登记、注销申请，记录温室气体自愿减排项目相关信息和核证自愿减排量的登记、持有、变更、注销等信息。注册登记系统记录的信息是判断核证自愿减排量归属和状态的最终依据。

定，原则上自公示项目设计文件之日起至出具审定报告的时间不超过 100 天，在出具审定报告后，需要上传至注册登记系统，同时向社会公开。[⊖]

截至 2024 年 12 月 31 日，全国温室气体自愿减排注册登记系统及信息平台"项目与减排量信息公开"专栏公示的情况：公示中项目为 12 个，公示结束项目为 54 个（其中，11 个项目为已终止状态，1 个项目为公示结束状态，其余项目均为申请登记中）。值得注意的是，公开专栏中对于每一项目均在其公示信息下方设置了"全部意见"的公众意见反馈内容，公众对于公示的项目 PDD 设计文件积极提出反馈意见，大到收益分配、方法学标准适用情况，小到标点符号、错别字，反响十分热烈。

3. 项目登记

项目经审定后，项目业主向注册登记机构[⊜]申请温室气体自愿

⊖ 根据《温室气体自愿减排交易管理办法（试行）》第十三条规定，审定与核查机构应当按照国家有关规定对申请登记的温室气体自愿减排项目的以下事项进行审定：（一）是否符合相关法律法规、国家政策；（二）是否属于生态环境部发布的项目方法学支持领域；（三）项目方法学的选择和使用是否得当；（四）是否具备真实性、唯一性和额外性；（五）是否符合可持续发展要求，是否对可持续发展各方面产生不利影响。项目审定报告应当包括肯定或者否定的项目审定结论，以及项目业主对公示期间收到的公众意见处理情况的说明。

⊜ 全国温室气体自愿减排注册登记机构由生态环境部按照国家有关规定组织建立。根据生态环境部于 2023 年 10 月 24 日发布的《关于全国温室气体自愿减排交易市场有关工作事项安排的通告》，全国温室气体自愿减排注册登记机构成立前，由国家应对气候变化战略研究和国际合作中心承担温室气体自愿减排项目和减排量的登记、注销等工作，负责全国温室气体自愿减排注册登记系统的运行和管理；全国温室气体自愿减排交易机构成立前，由北京绿色交易所有限公司提供核证自愿减排量的集中统一交易与结算服务，负责全国温室气体自愿减排交易系统的运行和管理。

减排项目登记，登记需要准备的材料包括项目申请表和审定与核查机构上传的项目设计文件、项目审定报告，并附具对项目唯一性以及所提供材料真实性、完整性和有效性负责的承诺书。注册登记机构在收到申请材料之日起 15 个工作日内对项目业主提交材料的完整性、规范性进行审核，并对审核通过的温室气体自愿减排项目进行登记，同时向社会公开项目登记情况以及项目业主提交的全部材料。截至 2024 年 12 月 31 日，在全国温室气体自愿减排注册登记系统及信息平台"项目与减排量信息公开"专栏公示的已登记项目仅为 1 个（即国家电投山东半岛南 3 号 301.6MW 海上风电项目），该项目已结束减排量核算与公示，但尚未完成减排量登记。

4. 减排量监测与核查

项目登记完成后，项目业主要结合项目实际运行及监测情况，按照项目方法学等相关技术规范要求编制减排量核算报告[⊖]，将这些报告通过注册登记系统进行公示，并同时由审定与核查机构[⊖]就项目减排量进行核查，出具减排量核查报告。CCER 项目应满足以下五个方面的核查要求。

（1）项目设计文件与实施的符合性

已登记的 CCER 项目需要严格按照项目设计文件实施。核查机

⊖　根据《温室气体自愿减排交易管理办法（试行）》第十八条规定，减排量核算报告所涉数据和信息的原始记录、管理台账应当在该温室气体自愿减排项目最后一期减排量登记后至少保存十年。

⊖　根据《温室气体自愿减排交易管理办法（试行）》第十八条规定，项目业主不得委托负责项目审定的审定与核查机构开展该项目的减排量核查。

构需要通过现场考察确认项目活动边界内的设备设施是否与已登记的项目设计文件一致，以及项目业主是否按照项目设计文件实施项目。此外，核查机构还需要识别项目实施过程中的任何技术偏差或变化。

（2）监测计划与方法学的符合性

核查机构需要确认实施的监测计划是否符合项目方法学等相关技术规范的要求。

（3）监测活动与监测计划的符合性

核查机构需要对照项目监测计划来核实项目的监测活动是否得到落实，以及所有需要监测的参数是否得到合理的监测。此外，还需要核实监测设备是否按照监测计划和方法学要求进行维护和校准，监测结果是否按照监测计划进行记录。

（4）校准频次的符合性

项目业主需要按照项目方法学中规定的校准频次对监测设备进行校准。如果出现校准延迟，项目业主需要在计划校准日期至实际校准日期内，对减排量计算使用监测设备最大的允许误差进行保守处理。

（5）减排量核算及核查结果的保守性

项目业主需要按照登记公示的 PDD 设计文件对实际产生的减排量进行核算。如果缺少有效的技术手段或者技术规范要求，存在一定的不确定性，或者难以对相关参数、技术路径进行精准判断，应当采用保守方式进行估计、取值等，确保项目减排量不被过高计算。

5. 减排量登记

在完成前述程序后，项目业主可就产生于 2020 年 9 月 22 日之后的减排量申请减排量登记，应当通过注册登记系统提交项目减排量申请表和审定与核查机构上传的减排量核算报告、减排量核查报告，并附具对减排量核算报告真实性、完整性和有效性负责的承诺书。与项目登记相似，注册登记机构（暂由国家应对气候变化战略研究和国际合作中心承担该职能）接到减排量登记申请材料后 15 个工作日内对项目业主提交材料的完整性、规范性进行审核，对于符合条件的减排量予以登记。

经登记的减排量称为"核证自愿减排量"，单位以"吨二氧化碳当量"计。项目完成减排量登记后，从事核证自愿减排量交易的交易主体，应当在注册登记系统和交易系统开设账户，并通过交易系统，采取挂牌协议、大宗协议、单向竞价及其他符合规定的交易方式进行交易。注册登记机构和交易机构之间则应当按照国家有关规定，实现系统间数据及时、准确、安全交换。

总体而言，《温室气体自愿减排交易管理办法（试行）》公布后，CCER 项目的开发登记流程相较之前有所减少，预计需要 19～26 周可完成。具体项目各流程开发周期如图 5-1 所示。

图 5-1　CCER 项目各流程开发周期

不同类型 CCER 项目开发的关注要点

1. 基本原则

根据生态环境部于 2023 年 10 月 19 日发布的《温室气体自愿减排交易管理办法（试行）》（以下简称《自愿减排交易管理办法》），温室气体自愿减排项目应当具备真实性、唯一性和额外性，并且可测量、可追溯、可核查。相比较于 2012 年 6 月 13 日国家发展和改革委员会印发的《温室气体自愿减排交易管理暂行办法》中规定的真实性、可测量性和额外性，《自愿减排交易管理办法》的要求有增无减。接下来笔者将具体解释各原则的要求。

（1）真实性

温室气体自愿减排项目的真实性，顾名思义，是指在项目审定、实施、核算和核查等全过程中所提供的材料均需保证其真实性。笔者认为，虽然在《自愿减排交易管理办法》的基本原则部分并未列明准确性和完整性，但是准确性和完整性本身也是保障信息真实性的必要条件，且在《自愿减排交易管理办法》中也规定了在项目登记环节中，项目业主需出具对所提供材料真实性、完整性和有效性负责的承诺书。值得一提的是，《自愿减排交易管理办法》中也明确规定了提供虚假材料、篡改数据、虚假报告或报告结论严重失实等弄虚作假行为下，项目业主方和 / 或审定与核查机构的责任。

（2）唯一性

温室气体自愿减排项目的唯一性是指项目未参与其他减排交易

机制，不存在项目重复认定或者减排量重复计算的情形。即同一项目在实施了相同工程情况下，仅可申请一项适用的温室气体自愿减排标准，例如草原碳汇，即可持续草地管理温室气体减排项目，既适用VCS，也可以申请CCER备案，此时，如果该项目选择了VCS备案，则不可再就同一项目同时段减排量申请CCER备案。不具有唯一性的项目也是《自愿减排交易管理办法》中明确规定不得予以登记的项目。

（3）额外性

温室气体自愿减排项目的额外性是指项目实施克服了财务、融资、关键技术等方面的障碍，并且相较于相关方法学确定的基准线情景，具有额外的减排效果，即项目的温室气体排放量低于基准线排放量，或者温室气体清除量高于基准线清除量。

简言之，可以从两个层面衡量特定项目的额外性属性。其一，该项目是否使得温室气体排放量相较于基准线标准有所降低，即其是否有效地减少了温室气体排放量；其二，该项目是否通过额外的投入、克服障碍而使得减排效果显现。一般而言，如果特定项目已经具备成熟的商业模式和市场，具备成熟的盈利模式，经济上而言，其也无须通过温室气体自愿减排项目等方式获得额外经济补贴。

（4）可测量、可追溯、可核查

温室气体自愿减排项目产生的减排量应当具备可测量、可追溯和可核查的属性。测量是指收集和归档所有对确定基准线所需的、测量某一减排项目活动在项目边界内的温室气体源人为排放量以及泄漏所必要的并且可适用的相关数据。核查是指由指定的经营实体定期独立审评和事后确定已登记的碳交易机制项目活动在核实期内产生的、经监测的温室气体源人为减排量。

国际社会对于温室气体排放和减排核算、监测与报告的基础要求与《自愿减排交易管理办法》提出的减排量原则具备相似性，包括可测量、可报告和可核查，即根据相关温室气体核算、报告的指南或方法学，完成相应的温室气体减排量测算，且监管或管理机构也可按相应的指南或方法学对其进行核查。笔者推测，由于报告是作为 CCER 登记的必需步骤，因此在《自愿减排交易管理办法》中未再强调"可报告"，而为了更进一步保障 CCER 的真实性等，且考虑到项目减排量虽然应当产生于 2020 年 9 月 22 日后，但项目应当自 2012 年 6 月 13 日后开工建设，因此《自愿减排交易管理办法》中改为增加"可追溯"性。

为确保上述原则的贯彻落实，《自愿减排交易管理办法》同步明确了项目设计文件所涉数据和信息的原始记录、管理台账应当至少保存 10 年，注册登记机构和交易机构应当对已登记项目建立项目档案，记录、留存温室气体自愿减排项目及其核证自愿减排量全部信息。并且，生态环境主管部门按照"双随机、一公开"原则对已登记项目和核证自愿减排量的真实性、合规性组织开展监督检查，包括项目实施情况，项目设计文件和核算报告所涉及的原始数据与相关材料等。

上述原则均有其各自的明确定义，但在具体各类型温室气体自愿减排项目中的适格性论述主要依赖于该特定类型项目的方法学。

正如官方文件所述，作为确定特定领域温室气体自愿减排项目基准线、论证额外性、核算项目减排量等所依据的技术规范，方法学是指导温室气体自愿减排项目开发、实施、审定和减排量核查的主要依据。在 2017 年 CCER 关闸前，已有大量方法学在国家发展和改革委员会备案并被完成备案 / 签发的项目所使用。2017 年后，由于 CCER 关闸，也不再有新方法学备案。直至 2023 年 3 月 28 日，生态环境部办公厅印发了《关于公开征集温室气体自愿减排项目方法学建议的函》，公开征集方法学建议："碳达峰碳中和目标对温室气体自愿减排交易市场建设提出了新的更高要求，原有方法学体系难以满足当前工作需求，多数方法学需要更新基准线和额外性论证要求，部分方法学缺乏推广使用价值和应用场景，个别方法学不符合产业政策导向，近年涌现的创新减排技术也急需相应方法学支持。"在笔者角度，CCER 关闸期间，Verra 依然在根据方法的完善、行业的发展不断更新方法学，而国内因 CCER 备案暂停致使未有方法学更新。截至 2024 年 6 月，生态环境部已公布 4 种新的方法学，但根据过往经验，后续仍将有不同类型的方法学持续被公布，因此在实践过程中，除已公布方法学的项目类型外，暂未公布其方法学但存在该等项目类型方法学被公布的可能性时，部分 CCER 项目开发咨询机构会进行方法学要求的预判，并提前准备温室气体自愿减排项目备案的相关材料和文件。对于此种情况，CCER 项目开发咨询机构应基于何等标准进行筹备，主要存在两种观点：一是按照 CCER 关闸前方法学评价尚未有新方法学公布的温室气体自愿减排项目；二是在 2017 年以前已在国家发展和改革委员会备案的方法学基础上，结合 VCS 最新的相应项目方法学评价该等拟备案项目。考虑到目前公开征集的方法学建议所能参考的依据也将主要依赖于国际市场自愿减排项目的方法学标准及历史上在国家发展和改革委员会备案的方法学，笔者认为这两种方式确有其依据。

2. CCER 项目开发的共性风险

（1）项目适格性风险

项目基本信息应当符合这些项目类型对应的生态环境部公布的适用方法学中所要求的项目适用条件，包括但不限于项目的基本情况、权属情况等，同时，相较于方法学中规定的基准线情形，该项目确实采取了特定方式，降低了项目的碳排放量，由于项目的自愿减排量最终是否能够登记成功，与项目实施情况和监测所得的数据也息息相关，因此在其实施阶段、核算和监测过程中也应当符合方法学的要求。

简单而言，在符合前文所述大原则的前提下，针对不同类型的项目，能够进行 CCER 开发的项目的前提首先是产生了自愿减排量，其次是生态环境部也已就这些自愿减排量的核证方式公布了相应的方法学，最后是该项目能够符合生态环境部公布的可适用方法学的相关要求。

（2）开发适格性风险

尽管本书前文有对关于碳资产法律属性的不同观点的探讨，在碳资产开发与交易的实务中，为了将碳资产拟制为未来能自由交易的财产，且保证碳资产交易的安全性，正确理解和适用碳资产的法律属性在实务中就显得十分有必要了。目前市场上仍普遍承认其作为自物权（所有权）的私权属性，认可企业对碳资产相应拥有占有、使用、收益和处分的完整权能。因此，目前就实操层面而言，碳汇作为财产的独立的私有性未曾受到质疑，笔者认为，未来相关立法出台，将挑战碳汇所有权的独立性的概率较低。实操中，通常认为能够开发碳汇的资产的所有者拥有其所开发碳汇的所有权，如该等资产上存在用益物权的，则由用益物权人享有所开发碳汇的所有权。

开发的适格性即要求所开发项目的碳汇权属清晰，其不存在任何争议、纠纷等可能导致碳汇权属尚未明确的情形。开发的适格性进一步要求由该项目的碳汇所有权人⊖委托第三方进行开发。但是实践中，为了能够保证项目的顺利实施以及核证自愿减排量的成功登记，通常建议在开始项目实施前，由能够产生该等核证自愿减排量的资产的各权利人均签署相关合约予以明确其所产生的碳汇（如登记成功）的所有权，并明确其他权利人对于未来能够登记成功的碳汇不享有任何权利，也不能主张任何权利。通常而言，开发商在进行碳汇项目开发前，也应当首先核实该项目的碳汇权属情况及项目相关其他权利人的声明文件，以确认碳汇权属所有者的完整所有权。当然，此处所指完整所有权并不表明同一项目所开发的碳汇仅能有一位权利人，在存在多位权利人的情况下，其彼此之间明确约定享有权益的比例也属于确认完整所有权的情形。

而在委托开发过程中，受限于不同类型的委托开发方式及其他

⊖ 此处指碳汇所有权人，而非能够产生此部分碳汇的资产的所有权人。

交易方式，碳汇所有权人可能将其未来能够获得的部分或全部碳汇转让予第三方，因此碳汇的所有权也可能在此过程中进行了转移。

（3）项目持续合规风险

由于项目的计入时间（即可申请项目减排量登记的时间期限）通常较久（具体时限可根据项目方法学的计入期条款进行明确），而为了项目在顺利备案后，后续的CCER资产依然可以被登记，项目应当持续符合PDD设计文件的要求，并且应当保证项目在根据方法学可以申请减排量的整段期间，均符合前述合规要求。

此外，法律、法规和政策的变化也可能导致项目所需符合的合规要求发生变化，这就促使项目业主和相关方应当持续追踪政策变化情况，以保持其始终合法合规运营，而不至于影响其后续CCER资产的登记。

（4）项目登记失败或迟缓登记风险

CCER项目虽然目前为登记制，但其本质上仍附有一定官方审核的性质，因此也存在项目登记失败，或在登记前任一阶段被要求另行补充材料，从而导致项目登记晚于预期计划时间表的风险。

（5）作业风险

项目在设计完成后、建设过程中，仍存在一定因人为操作、设计缺陷（如有）而可能导致的项目作业风险，以使得项目的最终验收情况与设计情况不相匹配。但如项目最终验收情况达成了部分设计要求，达成部分也足以独立符合方法学要求且具备开发的经济性，那么就独立符合的部分，也可先行申请项目备案。

（6）自然灾害风险

由于CCER项目与自然界的连接相对普通工业类型项目而言较深，因此，CCER项目受自然灾害风险的影响也客观存在，其发生概率相对不可预测，但一旦发生，往往影响颇大。就造林碳汇项目而言，山火等自然灾害可能造成其林木的毁损灭失，从而影响其自此时点开始的核证自愿减排量数量；就并网海上风力发电项目而言，海风侵蚀等可能造成风机叶片的腐锈损失；就畜牧粪便处理类项目（截至本书截稿之日，此方法学暂未公布，但2017年前存在相关类型的方法学）而言，猪瘟、鸡瘟等大规模传染性疾病，极易造成家畜的大量死亡，从而减少相应的粪便数量，进一步减少由于粪便处理造成的减排量。

（7）毁损灭失风险

无论是造林碳汇项目，还是并网海上风力发电和并网光热发电项目，均有可能存在资产毁损灭失的风险，除因自然灾害导致的毁损风险外，也有人为原因或意外因素导致资产毁损灭失的风险，常见的如失火、安装不当造成的设备坠落等。

（8）行业波动风险

行业的影响可能导致项目的外部经济性与方法学的设计初衷要求不一致，也可能因行业影响而使得项目的建设和运维成本攀升，从而进一步降低业主方参与该等类型项目建设和运维的意愿。

3. CCER 项目开发的通用核查思路

（1）项目权属核查

如项目涉及土地使用，则就项目所使用土地权属进行核查：明确该项目用地的土地使用权人，同步明确该土地权属上是否存在其他优先权利可能影响碳资产开发或对所开发的碳资产的归属产生争议的情形。如存在其他第三方权利，也应当同步要求提供相应的协议等证明材料以供核查。

通常而言，项目业主应当为项目所涉资产的所有权人，且该等项目所有权人应当有权依项目所涉属性使用项目土地，并依法或依约取得项目碳资产的所有权，此时涉及的核查材料应包括国有土地使用权证、建设用地规划许可证等，必要时可能包括土地出让合同、土地出让金支付凭证等。但实际操作过程中，项目所有权人可能与项目业主非为同一方，比如，项目业主与项目所有权人签署了授权协议，项目所有者将项目的收益权或者碳资产开发权转让给项目业主（第三方）。

因此，除核查项目所涉及的土地、资产的所有权是否已合法取得外，也应相应核实项目是否存在上述项目业主非项目所有权人的情况。如存在此种情形，应当核实项目所有权人与项目业主间就碳资产权属的约定情形，如存在约定不明情形的，应当在项目所有权人与项目业主间就拟采购的碳资产部分的所有权协商明确后，再行签署采购和 / 或开发协议，且同时取得另一方的放弃权利承诺函。

（2）项目批复核查

不同类型项目根据其项目设计、建设和验收所适用的法律法规的要求，在项目开始前、建设中、完成后均可能要求取得不同的政府部门批复，最常见的项目建设文件和并网相关批复文件将在下文主要介绍，其他包括项目设计文件（即根据项目拟进行的碳资产开发类型的方法学要求而开展的作业设计文件）、验收/监理报告（即项目根据作业设计文件完成的报告）、地方特殊要求等。

（3）项目资质核查

1）业主方资质：通常可以通过核查项目业主企业营业执照，以核实项目业主的主体真实性和适格性，并确认所对接的项目联络人是否为正式授权的业务人员。

2）开发商资质：目前相关规定中暂未对于开发商的资质提出行政许可、行政准入等要求，也暂未参考审定与核查机构管理方式。因此，除审定与核查机构外的机构主体均有权参与碳资产开发业务，建议综合考虑相关开发商在CCER关闸前的相关项目备案业绩以及相关工作人员的历史经验。

3）施工方资质：对于不同类型的工程施工，施工方也须取得不同的资质，例如根据《承装（修、试）电力设施许可证管理办法》，对于负责承装、承修、承试电力设施活动的安装单位，应按该管理办法取得相应的许可。

4）其他第三方资质：就项目可能涉及的其他任何第三方，也应当及时核查相关领域是否须获得相关资质或许可等以开展该等操作，以及相关操作人员是否应当为取得特定资质的专业人员，并根据前述核查结果对相关第三方的营业执照、行政许可、工作人员资质证书等进行核查。

（4）项目建设文件核查

在项目动工前，建设单位应当提交工程勘察、设计文件等，项目业主也应当根据其对环境影响的不同⊖，制作环境影响评价报告书、报告表或登记表，并取得生态环境主管部门的批复、项目建设工程规划许可证、安全生产许可、建设工程施工许可（部分项目可能包含项目施工许可及水上水下施工许可）。在实际施工过程中，应当落实安全生产责任制度、安全生产规章制度和操作规程。在项目建设完成后，应当制作项目工程竣工验收报告，并根据项目适用情况完成人防验收、公安消防验收、规划验收、环保检测、防雷验收等。

（5）项目并网条件核查

如项目涉及并网，则须在项目开工前完成项目接入电网系统方案设计，并获得所在地电力公司或者电力公司所属经研院出具的接入系统方案设计评审会议纪要。后续由电力公司开展接入系统相关可研编制，报送申请核准、施工、验收等工作。

项目并网前须向质监部门、能监部门提出申请。经现场质监通过，且经电力公司相关调度部门同意后方可并网。并网前须签订临

⊖ 可参考生态环境部于 2020 年 11 月 30 日发布并于 2021 年 1 月 1 日起生效实施的《建设项目环境影响评价分类管理名录（2021 年版）》加以确认。

时并网调度协议和临时购售电合同，待项目调试完毕后签订正式合同。

此外，项目并网后应及时向能监部门办理发电业务许可证，2021年10月15日国家能源局发布了《关于积极推动新能源发电项目能并尽并、多发满发有关工作的通知》，指出加快风电、光伏发电项目建设并网，增加清洁电力供应，既有利于缓解电力供需紧张形势，也有利于助力完成能耗双控目标，促进能源低碳转型。国家能源局《电力业务许可证监督管理办法》第7条规定："除豁免情形外，发电企业应在项目完成启动试运工作后3个月内（风电、光伏发电项目应当在并网后6个月内）取得电力业务许可证，分批投产的发电项目可分批申请。超过规定时限仍未取得电力业务许可证的，有关机组不得继续发电上网。"在前述规定时限之前，发电企业与电网企业签订《并网调度协议》《购售电合同》可暂不提供电力业务许可证。发电企业取得电力业务许可证后，应将有关许可内容及时告知相关电网企业及调度机构。需要注意的是，目前根据《国家能源局关于进一步规范可再生能源发电项目电力业务许可管理的通知》规定，在现有许可豁免政策基础上，将分散式风电项目纳入许可豁免范围，不要求其取得电力业务许可证。

（6）项目方法学相关条件核查

针对不同类型项目分别对应的方法学要求，项目业主方和开发商也应当事先逐条自查，不同类型的方法学均存在各自的特性要求，比如就造林碳汇而言，其也需要提供项目所涉地块的地理信息系统

（GIS）文件，以便更好地明确项目边界。

而对于 PDD 设计文件中提及的其他数据及要求，项目业主方和 / 或开发商也应当能够提供相对应的支持材料，以供完整核查该等项目是否具备所适用方法学要求的全部条件。

以造林碳汇、并网海上风力发电及并网光热发电为例

在 CCER 项目备案重新开闸事宜启动后，截至 2024 年 12 月 31 日，生态环境部等部门已公布 6 种方法学，在 2024 年 4 月召开的例行新闻发布会上，生态环境部海洋生态环境司副司长张志锋明确指出：生态环境部将加强方法学编制的规范和引导工作，畅通方法学建议反映渠道，常态化开展方法学的评估、遴选工作，就暂未公布的方法学，也将“成熟一个，发布一个”。

下面笔者将以造林碳汇、并网海上风力发电及并网光热发电为例，介绍其各自方法学中所体现的项目特点及开发实操要点。

1. 造林碳汇

在 2017 年 CCER 关闸前，林业类碳汇主要分为两种类型：即森林经营和造林（竹林经营和竹子造林为单独方法学，详见下文）。森林经营，顾名思义，是指促进已有林木维持和提高其生长量、碳储量等生态服务功能。主要的森林经营活动包括：结构调整、树种更替、补植补造、林分抚育、复壮和综合措施等。2014 年 1 月发布的《森林经营碳汇项目方法学》（版本号 V01）明确指出其适用的经营森林指矿质土壤人工种植的幼、中龄乔木林。造林是指增加森林

面积和森林生态系统碳储量为主要目标，对造林和林木生长全过程实施碳汇计量和监测而进行的项目活动。历史备案的造林 CCER 方法学为 2013 年 10 月发布的《碳汇造林项目方法学》（版本号 V01）；历史备案的森林经营 CCER 方法学为 2014 年 1 月发布的《森林经营碳汇项目方法学》（版本号 V01）；历史备案的竹林经营 CCER 方法学为 2015 年 12 月发布的《竹林经营碳汇项目方法学》（版本号 V01）；历史备案的竹子造林 CCER 方法学为 2013 年 10 月发布的《竹子造林碳汇项目方法学》（版本号 V01）。2023 年 10 月 19 日，《自愿减排交易管理办法》发布并实施后，生态环境部制定并发布的林业类碳汇方法学有且仅有《温室气体自愿减排项目方法学　造林碳汇》（CCER-14-001-V01）（以下简称造林碳汇方法学）。接下来有关造林碳汇项目相关的分析主要援引前述方法学的内容。

（1）造林碳汇项目开发适格性要求

造林碳汇方法学主要适用于乔木、竹子和灌木造林，包括防护林、特种用途林、用材林等造林，不包括经济林造林、非林地上的通道绿化、城镇村及工矿用地绿化（也就是说，区别于 2017 年前 CCER 项目适用的林业碳汇、竹子碳汇项目，以往针对森林经营碳汇、造林碳汇、竹林经营碳汇和竹子造林碳汇均有分别的方法学进行一一对应，而现行的造林碳汇方法学就前述四种情形进行了整合）。

1）项目土地在项目开始前至少三年为不符合森林定义的规划造林地。

2）项目土地权属清晰，具有不动产权属证书、土地承包或流转合同，或具有经有批准权的人民政府或主管部门批准核发的土地证、林权证。

3）项目单个地块土地连续面积不小于 400 平方米。对于 2019年（含）之前开始的项目，土地连续面积不小于 667 平方米。

4）项目土地不属于湿地。

5）项目不移除原有散生乔木和竹子，原有灌木和胸径小于 2 厘米的竹子的移除比例总计不超过项目边界内地表面积的 20%。

6）除项目开始时的整地和造林外，在计入期内不对土壤进行重复扰动。

7）除对病（虫）原疫木进行必要的火烧外，项目不允许其他人为火烧活动。

8）项目不会引起项目边界内农业活动（如种植、放牧等）的转移，即不会发生泄漏。

9）项目应符合法律、法规要求，符合行业发展政策。

（2）造林碳汇项目基本信息

1）项目边界。

造林项目无须是连续性的完整地块，可以是若干个不连续地块，造林项目的用地项目边界可采用下述方法之一确定：

a）利用北斗卫星导航系统（BDS）、全球定位系统（GPS）等卫星定位系统，直接测定项目地块边界的拐点坐标，单点定位误差不超过 ±5 米。

b）利用空间分辨率不低于 5 米的地理空间数据（如卫星遥感影像、航拍影像等）、林草资源"一张图"、造林作业设计等，在 GIS 辅助下直接读取项目地块的边界坐标。

由于测定方式具有一定专业度，笔者建议由专业的第三方团队进行测定。在前期，如相关方拟进行初步预判，可参考上述要求确定的边界进行保守估计。值得注意的是，项目边界内不应当包含宽度大于 3 米的道路、沟渠、坑塘、河流等不符合适用条件的土地，而审定与核查机构也会就此进行验证；并且，实际造林地块的边界与项目设计文件中计划实施的边界应当一致；项目实施与项目设计如出现偏移，出现的偏移须按照造林碳汇方法学第 6.3 条和第 7.3.4 条的要求调整碳层划分；随机方式选取的项目边界面积误差不应超过 ±5%；项目边界内土地利用类型也不应发生变化。

2）计入期。

项目计入期为可申请项目减排量登记的时间期限，自项目减排量产生时间开始，大于等于 20 年，但不超过 40 年。根据《温室气体自愿减排交易管理办法（试行）》，项目减排量登记应产生于 2020 年 9 月 22 日之后，考虑到树木在不同生长周期内，建议咨询专业第三方机构合理计算树木的碳减排量计入期如何安排可实现利益最大化。值得注意的是，对于项目开始时间的真实性，审定与核查机构需要进行验证。项目业主可选择提供下列材料之一，说明项目的开始时间：

a）经县级（含）以上行业主管部门批复的作业设计和 / 或出具的验收报告。

b）项目业主与施工方签署的施工合同和相关付款证明。

c）其他具有法律效力的、注明项目开始日期的文件（如项目监理报告）。

3）基准线。

造林碳汇方法学明确规定的基准线情景为：维持造林项目开始前的土地利用与管理方式。而根据造林碳汇方法学开发适格性要求，项目土地在项目开始前至少三年为不符合森林定义的规划造林地，也即，其基准线情景为非森林的规划造林地情景，具体的基准线情景和项目情景中碳库和温室气体排放源的选择详见造林碳汇方法学的第 5.3 条。

4）减排量核算。

根据《温室气体自愿减排项目设计与实施指南》和造林碳汇方法学的有关规定：

项目减排量 =（项目排放量（清除量）-

基准线排放量（清除量）-

项目实施导致的项目边界之外的泄漏量）×

（1- 项目的非持久性风险扣减率）

其中，项目的非持久性风险扣减率为百分数，即其单位为百分比。

根据造林碳汇方法学，造林碳汇项目的基准线清除量为 0，且根据造林碳汇方法学适用条件，项目不考虑泄漏，因此项目泄漏量也为 0。造林碳汇项目的非持久性风险是指项目可能会由于自然因素（如火灾、病虫害、雨雪冰冻、风灾等）或人为干扰（如非法采伐和破坏等）导致项目清除的温室气体重新释放到大气中，因此在进行造林碳汇项目减排量核算时，需要进行非持久性风险导致的减排量扣减，而非持久性风险扣减率采用历史火灾、病虫害等灾害导致的森林蓄积量或森林面积的损失比例计算确定，默认值根据《中国林业统计年鉴》统计全国及各省（自治区、直辖市）因火灾引起的蓄积损失量占当年森林蓄积增长量的比例，以及病虫害重度危害面积占森林面积的比例进行确定，自 1999 年至 2018 年间全国年均因灾损失率约 4.98%，出于保守性原则，造林碳汇项目的非持久性风险扣减率取值 10。

项目清除量 ＝ 生物质碳储量变化量 ＋

死有机质碳储量变化量 ＋

土壤有机碳储量变化量 －

因火烧引起的温室气体排放量 －

原有植被（乔木、竹子和灌木）

的生物质碳储量变化量

在项目设计阶段，火烧引起的温室气体排放通常无法预料，因此项目情景下火烧引起的温室气体排放量计为 0。在项目实施阶段，通过监测项目边界内实际火烧发生情况，计算项目温室气体排放量。

综上所述，造林碳汇项目的减排量核算公式可简化为：

项目减排量 ＝ 项目排放量（清除量）×（1－10%）

5）监测方法。

项目监测是指在项目实施阶段通过实际对项目实施情况进行监测从而获取监测数据的行为。项目业主应在项目设计阶段确定固定样地监测频率，一般每 5 年至少监测一次。首次监测时间不早于项目申请登记时间。项目业主须进行监测的数据主要包括以下内容。

a）监测参数和数据的质量，并在需要的时候（基于样地的生物质碳储量的抽样调查测定精度低于 90% 可靠性水平下，且项目业主未通过增加样地数量进行补测，从而使测定结果达到精度要求时）进行数据精度控制与校正，即扣减一定比例清除量的方式以进行校正。

b）项目边界监测：在项目实施阶段，项目业主须测量项目实际造林的地块边界，并确认是否与项目设计阶段明确的计划造林的地块边界的矢量数据相吻合；在计入期内，项目业主须根据监测方案对项目边界进行监测，检查项目实际边界是否与项目设计文件中的边界一致，如果两者不一致，应以实际边界与项目设计文件边界二者重叠区域的最小外包边界为准；如果项目边界发生任何变化，应将这部分地块调出项目边界，并在后续减排量核算报告中予以说明，之后不再纳入项目边界。

c）项目实施情况：在项目实施阶段，主要监测和记录项目边界内所发生的造林、管护以及与温室气体排放有关项目活动的实施情况，并判断是否与项目设计文件及监测方案一致。主要内容包括：①造林活动；②管护活动，如巡护、补植、采伐、有害生物防治和森林火灾预防措施等；③项目边界内自然灾害和人为干扰的发生情况（如时间、地点、面积、边界、损害强度等）。

d）项目碳层划分：在项目实施阶段，如果项目边界内出现项目实际活动与项目设计文件不一致，并影响了项目碳层内的均一性；

或因自然因素（如立地条件、火灾、病虫害等）或人为干扰（如火烧、采伐等）导致碳层内的变异性增加；或因土地利用类型变化等造成碳层边界发生变化时，项目业主须在每次监测前对上一次划分的碳层进行调整。若上一次监测发现，两个或多个碳层具有相近的碳储量及变化，则可将这些不同的碳层合并成一个碳层，以降低监测工作量。

e）抽样设计：项目业主须对项目生物质碳储量进行抽样监测，监测应达到90%置信水平下，抽样相对误差不超过10%。项目业主须按照造林碳汇方法学附录E步骤，计算获得抽样监测所需的样地数量及在各碳层中的分布。

f）样地设置：采用符合造林碳汇方法学附录E的要求，即随机起点、系统布点的方法设置样地。

g）项目生物质碳储量：项目业主须按照造林碳汇方法学附录F步骤，通过在项目样地监测得到的平均单位面积年生物质碳储量，计算项目边界内生物质碳储量的年变化量。

6）额外性论证。

额外性作为《温室气体自愿减排交易管理办法（试行）》明确规定的温室气体自愿减排项目申请登记的必要条件之一，在各类温室气体自愿减排项目的方法学中，针对该种方法学的额外性的论证均会有相关的规定。就造林碳汇而言，其分为免予论证和一般论证两种情形，一般论证是指就除免予论证外的其他造林项目按照《温室气体自愿减排项目设计与实施指南》中"温室气体自愿减排项目额外性论证工具"对项目额外性进行一般论证。免予论证的情形如下。

a）在年均降水量≤400毫米的地区[⊖]开展的造林项目。

b）在国家重点生态功能区[⊜]开展的造林项目。

c）属于生态公益林的造林项目。

7）审定核查。

第三方审定与核查机构应根据项目设计文件，对该项目之于造林碳汇方法学的适用条件进行逐一分析，包括但不限于项目适用条件、项目开始时间、项目边界、项目减排量核算、样地监测、参数等方面。

（3）造林碳汇项目特别关注点

1）碳汇权属。

林业碳汇项目产生的碳汇权属的确定原则也应符合前文的论述，尽管有不同的学说存在，但实操中主流观点还是认为应由林地所有权人拥有其开发出的碳资产的所有权，同时有用益物权人的，碳资产由用益物权人开发取得该等碳资产的所有权。

鉴于目前关于碳资产的法律属性尚未有明确规定且理论界对此尚有不同观点，因此就目前拟参与造林碳汇登记的相关方而言，为明确其碳汇权属的合法性，如下核查要点应逐一进行确认。

首先，项目业主应当明确其拟登记的项目林地的所有权。根据《中华人民共和国森林法（2019修订）》相关规定，森林资源属于国

[⊖] 年均降水量≤400毫米的地区可参考《国家林业局关于颁发〈"国家特别规定的灌木林地"的规定〉（试行）的通知》（林资发〔2004〕14号）。

[⊜] 国家重点生态功能区可参考《国务院关于印发全国主体功能区规划的通知》（国发〔2010〕46号）、《国务院关于同意新增部分县（市、区、旗）纳入国家重点生态功能区的批复》（国函〔2016〕161号）。

家和集体所有。林地和林地上的森林、林木的所有权、使用权，均由不动产登记机构统一登记造册，核发证书。国家所有的林地和林地上的森林、林木可以依法确定给林业经营者使用。林业经营者依法取得的国有林地和林地上的森林、林木的使用权。集体所有和国家所有依法由农民集体使用的林地实行承包经营的，承包方享有林地承包经营权和承包林地上的林木所有权。由上可知，目前在国内，林木所有权归于且仅可能归于国家、集体、承包方。值得注意的是，林业经营者依据上述法律规定其所可以取得的仅有森林、林木的使用权，因此无法依据其对于森林、林木的经营而直接拥有该森林、林地所产生的碳汇的所有权。

其次，就森林、林木的所有权人而言，应当核查其是否就该森林、林地的任何收益、孳息等与他人签署转让协议或达成转让合意。通常而言，如森林、林木的所有权人与第三方约定该等森林、林木产生的任何收益均转让于该第三方的，则理论上该等森林、林木所产生的碳汇由于属于该等森林、林木的法定孳息，也应随之转移予该第三方。

最后，由于碳汇开发的特殊性，碳汇的所有权人可能在碳汇的开发协议中就未来登记成功的碳汇的所有权与开发商或其他服务商等进行分配。因此，作为该等碳汇的买方，如与碳汇所有权人拟进行其拟登记的碳汇的期货锁定交易，也应当核查该碳汇所有权人是否具备相应签署拟锁定的期货交易量的权利。其他诸如碳汇所有权人是否进行了一物二卖等相关问题，笔者认为可参照通常的民商事相关一物二卖风险防范措施加以防范。

2）环保合规。

林业碳汇项目需要遵守相关的环境法规，包括森林法、环境保护法等。项目必须符合环境影响评价、水土保持、生态保护等方面的法律要求，以确保项目的合法性和可持续性。

3）土地利用类型。

由于造林碳汇方法学的基准线情景为维持造林项目开始前的土地利用与管理方式，而土地利用类型的变化可能导致碳层边界变化、项目边界变化等，因此，如土地利用类型发生了变化，应测定被征占地块的地理坐标和面积，将这部分地块调出项目边界。对土地利用方式已经发生变化的地块，无论是监测还是审定核查环节，均需要从项目边界内调出。

2. 并网海上风力发电

并网海上风力发电是可再生能源发电的一种，和并网光热发电一样，其也可以开发"绿色电力证书"。可再生能源发电由于替代了传统的化石能源发电，因而避免了其所能替代的化石能源发电量在生产过程中所造成的温室气体排放。因此，并网海上风力发电和并网光热发电符合核证自愿减排量的项目种类基本要求。并网海上风力发电项目适用的方法学也和上述造林碳汇方法学同批次公布，即《温室气体自愿减排项目方法学　并网海上风力发电（CCER—01—002—V01）》（以下简称并网海上风电方法学）。以下将根据并网海上风电方法学简要介绍并网海上风力发电项目在开发过程中的实操要点。

（1）并网海上风力发电项目开发适格性要求

根据并网海上风电方法学，能够开发 CCER 的并网海上风力发电项目应当离岸 30 千米以外，或者水深大于 30 米，并且该等项目应符合法律、法规要求，符合行业发展政策。

分解而言，并网从技术上指该等项目的发电机组或发电厂（场、站）或直调用户与电网之间的物理连接，从管理上指该等项目与电网调度机构建立了调度关系；而海上风力发电指的是沿海多年平均大潮高潮线以下海域开展的风力发电活动。

（2）并网海上风力发电项目基本信息

1）项目边界。

并网海上风力发电项目边界包括项目发电及配套设施，以及项目所在区域电网中的所有发电设施，具体如图 5-2 所示。

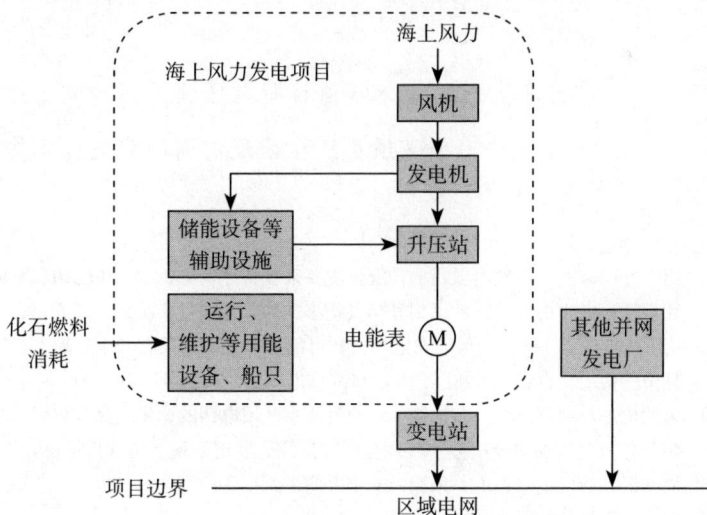

图 5-2　并网海上风力发电项目边界

2）计入期。

并网海上风力发电项目计入期从项目业主申请登记的项目减排量的产生时间开始，最长不超过 10 年，同时，项目计入期须在项目寿命期限范围之内，即自项目并网发电之日起至项目正式退役前止。

3）基准线。

并网海上风力发电项目作为清洁发电能源，对降低原有发电体系的碳排放有重要作用，因此，其基准线情景为：并网海上风力发电项目上网电量由项目所在区域电网的其他并网发电厂（包括可能的新建发电厂）进行替代生产的情景，包括但不限于发电产生的排放项目备用发电机、运维船舶和车辆使用化石燃料产生的排放。

4）减排量核算。

项目减排量 = 项目基准线排放量 − 项目排放量⊖

    = 项目净上网电量 × 项目所在区域电网的组合边际排放因子

    = 项目净上网电量 ×（项目所在区域电网的电量边际排放因子⊜×0.5⊜+ 项目所在区域电网的容量边际排放因

⊖ 由于并网海上风力发电项目的排放量主要来自备用发电机、运维船舶和车辆使用化石燃料产生的排放，考虑到其排放量小，为降低项目实施和管理成本，直接计为 0，同时，并网海上风力发电项目有可能导致上游部门在开采、加工、运输等环节中使用化石燃料等情形，与项目减排量相比，其泄漏较小，忽略不计。

⊜ 采用生态环境部组织公布的第 y 年项目所在区域电网的电量边际排放因子。在审定与核查机构通过全国温室气体自愿减排注册登记系统上传减排量核查报告时，尚未公布当年度数据的，采用第 y 年之前最近年份的可获得数据。在估算减排量时，采用最新的可获得数据。

⊜ 电量边际排放因子的权重默认为 0.5。

子⊖×0.5⊖）

=（项目输送至区域电网的上网电量⊜－区域电网输送至

项目的下网电量）×（项目所在区域电网的电量边际

排放因子×0.5+项目所在区域电网的容量边际排放因

子×0.5）

5）监测方法。

海上风力发电项目的电量监测主要依赖于电能表完成，因此该等项目的核心要点为采用符合标准的电能表，并进行定期维护以保证读数的准确性。并网海上风电方法学中对此的具体要求为：电能表须经过检定且符合相关的国家及行业标准，电能表准确度符合DL/T448规定的准确度要求，电能表准确度等级不低于0.5级。电能表必须进行定期的校准维护。电能表上网/下网读数记录与上网/下网电量结算凭证需进行交叉核对，以确保数据记录的准确性和完整性。

6）额外性论证。

并网海上风力发电项目只要符合能够开发CCER的要求，其额

⊖　采用生态环境部组织公布的第y年项目所在区域电网的容量边际排放因子。在审定与核查机构通过全国温室气体自愿减排注册登记系统上传减排量核查报告时，尚未公布当年度数据的，采用第y年之前最近年份的可获得数据。在估算减排量时，采用最新的可获得数据。

⊜　容量边际排放因子的权重默认为0.5。

⊜　项目输送至区域电网的上网电量及区域电网输送至项目的下网电量根据并网海上风力发电项目方法学的要求，均须进行连续监测，且至少每月记录一次。

外性便可免予论证。[⊖]

7）审定核查。

并网海上风力发电项目由于额外性免予论证，项目的开始及结束均可有赖于项目监测的上网和下网情况予以判断，因此，并网海上风力发电项目的审定与核查重点关注的方向包括项目适用条件、项目边界、项目监测计划以及项目参数，具体如下。

a）项目适用条件的审定与核查要点。

项目场址是否离岸 30 千米以外，或者水深是否大于 30 米的核查方式：审定与核查机构可通过查阅项目业主编制的海域使用论证报告，以及由相关主管部门出具的用海批复等文件进行确定；也可进一步通过查阅项目可行性研究报告及其批复（备案）文件、环境影响评价报告书（表）及其批复（备案）文件、扫海报告或者海洋等深线等方式核实项目场址离岸距离和水深。

可持续发展要求核查方式：审定与核查机构可通过查阅环境影响评价报告书（表）及其批复（备案）文件、竣工环境保护验收报告、环境监测报告、社会责任报告、环境社会与治理报告、可持续发展报告等，以及现场走访等形式评估项目是否符合可持续发展要求，是否对可持续发展各方面产生不利影响。

⊖ 并网海上风力发电项目受海洋环境复杂、关键设备依赖进口等因素影响，建设成本远高于同等规模的陆上风力发电项目；并网海上风力发电是可再生能源发电的前沿领域，相关技术专业性、创新性强；海上风力发电场运行维护工作量远高于同等规模陆上风力发电场，对技术人员和设备的数量、施工和管理能力提出了更高要求，并网海上风力发电项目普遍存在技术障碍，因此，对于符合并网海上风电方法学适用条件的项目，其额外性可免予论证。

b）项目边界的审定与核查要点。

审定与核查机构可通过查阅由相关主管部门出具的用海批复等文件、可行性研究报告及其批复（备案）文件、电力接线图、环境影响评价报告书（表）及其批复（备案）文件等，以及现场走访、使用北斗卫星导航系统、全球定位系统、地理信息系统等方式确认项目业主是否正确描述了项目地理边界和拐点经纬度坐标[⊖]、项目设备设施。

c）项目监测计划的审定与核查要点。

审定与核查机构通过查阅项目设计文件、减排量核算报告、电力接线图、电量监测计量点位图、计量器具检定（校准）报告等相关证据材料，以及现场走访查看电能表安装位置、电能表准确度、电能表个数等，确定项目设计文件、监测计划描述的准确性，核实项目业主是否按照监测计划实施监测。

d）参数的审定与核查要点及方法。

并网海上风电方法学中对涉及的各类参数的审定与核查要点和方法均给出了明确的解释和指引，具体可参考并网海上风电方法学中的表8。

（3）并网海上风力发电项目特别关注点

海上风力发电项目因其项目本身的技术难点而具备一定的特殊性，从合规角度也涉及一系列特别的关注点，特别是行政手续方面。根据2017年国家能源局发布的《关于深化能源行业投融资体制改革

⊖　经纬度坐标以度表示，至少保留6位小数。

的实施意见》，海上风电项目投资预审涉及的必要文件有选址意见书与建设项目用海预审意见。项目单位向省级及以下能源主管部门申请核准前，应向海洋行政主管部门提出用海预审申请，按规定程序和要求审查后，由海洋行政主管部门出具项目用海预审意见。风电场海域审批权限根据风电场所在海域情况确定，无争议海域由省海洋局审批，两省争议海域由自然资源部审批，国管海域由自然资源部审批。

在用海预审通过后，相关开发单位还需办理海域使用权审批、缴纳海域使用金、取得正式的用海批复及海缆铺设的行政许可。项目单位须完成渔业补偿及渔业资源修复、海事通航评估、通航安全评估、军事评估等工作。海洋主管部门在征询各利益相关方意见后下发正式用海批文。海底电缆铺设按照《铺设海底电缆管道管理规定》及实施办法的规定，办理铺设施工许可手续。

其次，在项目开工前，相关开发单位还须委托开展环评报告的编制工作。报告编制完成后送生态主管部门。生态主管部门经审查出具环评报告书的核准意见。项目单位应按环境影响报告书及批准意见的要求，加强环境保护设计，落实环境保护措施。项目单位应严格执行配套建设的环保设施与主体工程同时设计、同时施工、同时投产使用的环保"三同时"制度，环境保护设施未经主管部门验收合格的，建设项目不得投入使用。

再次，在开工前相关开发单位还须取得项目建设规划许可、施工许可（含项目施工许可及水上水下施工许可）、安全生产许可和电力接入批复、发电业务许可（如适用）等，并且进一步还可能涉及岸线申请、航道用海申请、穿越一线大堤的行政许可、无居民海岛建设申请等。此外，根据《海上风力发电场设计标准》的要求，项目还应避开军事用海区，符合国防安全的要求；避开生态保护红线区，符合海洋生态保护要求。其他较为特殊的审批也可能涉及社会稳定风险评估、水土保持评估、军事影响评估、地震安全性评价、地质灾害评估和洪水影响评价[⊖]。

并网海上风力发电项目由于其业务属性特殊，应当特别核实施工团队资质和具体实施情况。在竣工验收时，应当确保项目各项建设指标符合核准（审批、备案）文件和审定的可行性研究，项目的建设过程符合国家和行业的基本建设程序，环保、节能、消防、安全、信息建设、并网及其他各项规定的工作已按照国家有关法规和技术标准完成专项验收，项目的电气设备已按照设计方案和有关的技术标准完成建设，配套电网送出工程已建成，具备满足《风电场接入电力系统技术规定》要求的检测报告，并与电网公司签订了并网调度协议和购售电合同，且工程项目批准文件、设计文件、施工安装文件、竣工图及文件、监理文件、质监文件及各项技术文件应按规定立卷，并通过档案验收。

3. 并网光热发电

（1）并网光热发电项目开发适格性要求

并网光热发电项目通过将太阳能转换为热能，以替代传统化石

⊖　根据《中华人民共和国防洪法》的规定，涉及在洪泛区、蓄滞洪区内建设非防洪建设项目，应当就洪水对建设项目可能产生的影响和建设项目对防洪可能产生的影响做出评价，编制洪水影响评价报告。

能源进行发电，从而降低了项目所在区域电网的其他并网发电厂（包括可能的新建发电厂）本应因发电而产生的温室气体排放。并网光热发电原适用的方法学为《CM—001—V02可再生能源并网发电方法学（第二版）》，其适用于所有的可再生能源项目。并网光热发电项目目前适用的方法学为《温室气体自愿减排项目方法学　并网光热发电（CCER—01—001—V01）》（以下简称并网光热发电方法学），该等方法学适用于合法合规、符合行业发展要求的、独立的并网光热发电项目，或者"光热＋"一体化项目中的并网光热发电部分。从并网光热发电的项目名称中，也可看出此类项目的基本要求："并网"要求此类项目与电网之间存在物理上的连接，以使得此类项目所产电量可供电网统一调度，从而减少电网对其他传统化石能源所发电量的调配使用；同时，"发电"则要求此类项目并网光热发电部分的上网电量可被单独计量。

此外，光热发电即指将太阳能转换为热能，并通过热工转换发电的过程；"光热＋"一体化项目指光热与风电、光伏等多能源组合的多能互补发电项目，此时，光热可以与其他单一能源进行组合，也可与多种其他能源组合。

（2）并网光热发电项目基本信息

1）项目边界。

并网光热发电项目边界包括光热发电项目发电及配套设施，以及项目所在区域电网中的所有发电设施，若是"光热＋"一体化项目的，则也包括与之相连的一体化项目发电及配套设施，如图5-3所示。

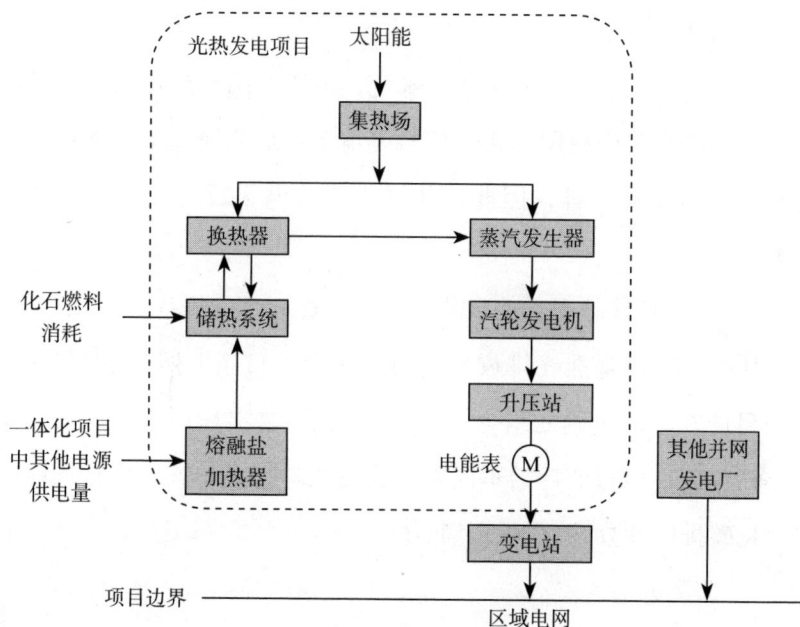

图 5-3 并网光热发电项目边界

2）计入期。

并网光热发电项目的寿命期限自项目并网发电之日起，至项目正式退役之前止。并网光热发电项目计入期为项目寿命期限范围之内，可申请项目减排量登记的时间期限，从该项目业主申请登记的项目减排量的产生时间开始，最长不超过 10 年。

3）基准线。

如前文所述，并网光热发电项目基准线情景为：并网光热发电项目的上网电量由项目所在区域电网的其他并网发电厂（包括可能的新建发电厂）进行替代生产的情景。也因此，并网光热发电项目所在区域电网中的所有发电设施也均在项目边界内。

4）减排量核算。

根据并网光热发电方法学的规定，由于并网光热发电项目可能导致的上游环节中使用的化石燃料等情形造成的泄漏量与项目减排量相比，可忽略不计，因此，并网光热发电项目的减排量计算公式为：

项目减排量 = 项目基准线排放量 − 项目排放量

其中，项目基准线排放量是指该年度项目净上网电量[⊖]与该年度项目所在区域电网的组合边际排放因子[⊜]之乘积；项目排放量是指在该年度，项目消耗的不同种类化石燃料数量与该种化石燃料的二氧化碳排放系数[⊜]的乘积之和。

5）监测方法。

并网光热发电项目的数据准确度为该项目申请减排量的关键。因此，并网光热发电项目的监测方法也主要围绕保证数据准确度展开。

首先，项目业主应遵循项目设计阶段确定的数据监测程序与方法要求，制订详细的监测方案，包括但不限于内部管理体系、数据管理程序、部门分工职责等；其次，对于所有收集到的数据，在保

⊖ 项目净上网电量 = 项目输送至区域电网的上网电量 − 区域电网输送至项目的下网电量

⊜ 项目所在区域电网的组合边际排放因子 = 项目所在区域电网的电量边际排放因子 × 电量边际排放因子的权重 − 项目所在区域电网的容量边际排放因子 × 容量边际排放因子的权重

⊜ 项目消耗某种化石燃料的二氧化碳排放系数 = 项目消耗该种化石燃料的平均低位发热量 × 项目消耗该种化石燃料的单位热值含碳量 × 项目消耗第 i 种化石燃料的碳氧化率 × 44÷12（二氧化碳与碳的相对分子质量之比）

证其原始记录完整的台账管理制度基础上，还应建立内部定期审核制度，比如，将电能表读数记录与电量结算凭证或电网公司出具的电量证明进行交叉核对，将化石燃料消耗量与购买凭证进行交叉核对等，从而尽可能确保数据记录的准确性、完整性符合方法学的要求；最后，项目设计和实施阶段产生的所有数据、信息均应电子存档，在该温室气体自愿减排项目最后一期减排量登记后至少保存十年，确保相关数据可被追溯。

由于电能表等电量计量装置的物理特性，其可能存在未校准、延迟校准或者准确度超过规定要求等情况，按照并网光热发电方法学要求，此种情形下，针对上网电量、下网电量和化石燃料消耗量的处理方式均有明确的保守性处理方式。

6）额外性论证。

不同于光伏发电等新能源发电项目，光热发电项目具备可快速调峰的特性，有助于促进电网稳定运行，适应目前可再生能源电源并网情境下电网快速调峰的需求，同时，也可以减少因为电网负荷问题而导致的弃光、弃风现象，从而导致电力损失。

并网光热发电项目由于体量较大，技术路线也较为复杂，其一次性的投建成本及后期运维成本较高，同时也给其选址带来了较高的挑战，并且，光热电价补贴政策变化导致项目经济性进一步下降，2020年，国家财政部发布《关于促进非水可再生能源发电健康发展的若干意见》，明确从2021年起，新核准光热项目中央财政将不再补贴，实行平价上网，因此，光热的度电价格降低至各省燃煤标杆电价，这对于本身就处于投资较大、起步阶段的光热发电项目而言，更增加了其在项目经济性上的负担。

7）审定核查。

首先，就适用条件的审定与核查而言，审定与核查机构应核查项目是否采用了光热发电技术，及其光热发电并网部分电量是否可被单独、准确计量，具体可以查阅的材料文件包括但不限于项目可行性研究报告及其批复（备案）文件、环境影响评价报告书（表）及其批复（备案）文件等，电力接线图、并网协议，以及现场走访查看项目设施。由于光热发电项目也要求项目符合行业发展需求，因此，审定与核查机构也应对项目的可持续发展能力和影响进行核查，具体可以查阅的材料文件包括但不限于环境影响评价报告书（表）及其批复（备案）文件、竣工环境保护验收报告、环境监测报告、社会责任报告、环境社会与治理报告、可持续发展报告等。

其次，就并网光热发电项目的项目边界的审定与核查要点而言，审定与核查机构可通过查阅项目各类型纸质文件、现场走访以及使用高科技定位系统等方式确定项目业主是否正确地描述了项目地理边界、拐点经纬度坐标和项目设备设施。

再次，就并网光热发电项目的项目监测计划的审定与核查要点而言，审定与核查机构可通过查阅项目设计文件、减排量核算报告、电力接线图、监测计量点位图、计量装置检定（校准）报告等相关证据材料，以及现场走访查看电能表、流量计等计量装置的安装位置、准确度、个数等，确定项目设计文件、监测计划描述的准确性，核实项目业主是否按照监测计划实施监测。

最后，就并网光热发电项目的参数的审定与核查要点及方法而言，可参考并网光热发电方法学表 12 明确参数的审定与核查要点及方法。

（3）并网光热发电项目特别关注点

首先，如前文所述，并网光热项目往往也涉及大量的投建，以及大面积的土地使用问题，因此，相关的用地许可、项目建设相关的施工许可、环境影响评价及竣工验收等也都需要纳入光热发电项目的合规考察要点。

其次，由于符合方法学要求的光热发电项目需要能够并网，因此，相应的电网接入意见函、电力业务许可证也均须准备。

最后，根据《企业投资项目核准和备案管理条例》："对关系国家安全、涉及全国重大生产力布局、战略性资源开发和重大公共利益等项目，实行核准管理。具体项目范围以及核准机关、核准权限依照政府核准的投资项目目录执行……对前款规定以外的项目，实行备案管理。除国务院另有规定的，实行备案管理的项目按照属地原则备案，备案机关及其权限由省、自治区、直辖市和计划单列市人民政府规定。"也即，并网光热发电项目在未来针对其的独立细则出台前，仍将适用《企业投资项目核准和备案管理条例》的有关规定，其在取得电网接入意见函后，应当按照当地主管部门的要求进行备案。

CCER 项目开发模式及开发协议实操要点

就 CCER 项目开发协议而言，通常有以下三种合作模式。

1）**合作开发**：项目业主和开发商合作进行 CCER 的开发，并根据最终收益按一定比例分成，在此情形中，开发商可能会收取一定的前期固定费用，而后续的监测工作服务等也通常由开发商持续提供。

2）**单独聘请**：项目业主单独聘请开发商进行 CCER 的开发工作，并就相关工作的工作内容单独付费，在此情形下，项目业主通常结合自身实际需求和预算，将项目设计、开发、监测等工作中的部分或全部交由开发商完成，并支付相应的服务费用，而不以开发成功与否决定收益分成。

3）**开发商买断**：开发商与项目业主方签署协议进行 CCER 开发合作，而开发商往往会约定在最终成功登记 CCER 时，开发商可以固定价格或以届时市场价格的一定折扣购买登记的 CCER，此种情形中，由于项目实际能够登记的 CCER 的周期相对较长，因此，开发商可能在项目初期首先锁定该项目登记的一定年限内 CCER 的交易价格和数量，而具体的价格和数量的确定情况也取决于其开发工作的服务量对应的市场价值和对市场未来走势的判断。

在第1）种和第3）种合作模式中，其方案框架较为类似，主要的区别即在于项目业主方在第3）种方案下的主观能动性及决策权利等相对较弱，更依赖于项目业主方前期挑选合作开发商的能力。并且，在这两种模式下，对于项目业主而言，其取得 CCER 的收益回款模式也略有区别，在第1）种合作模式中，项目业主和开发商均有赖于第三方买方以进行回款，而在第3）种合作模式下，项目业主的回款全部或者部分为开发商的买断款，因此，在第3）种合作模式下，项目业主在合作开始前除了需要衡量开发商的开发能力和资质外，也需要考量开发商支付买断款的能力，比如其是否依据其他"背靠背"交易安排等方能向项目业主支付买断款，或其是否具有充足的自有资金足以向项目业主支付买断款且不与其他项目的开发情况和进度相冲突。换言之，在第3）种合作模式下，项目业主对于开发商的考量不仅局限于协议本身法律风险讨论，也应当着眼于一般"买卖交易"项下的资信风险。

当然，以上合作模式在实际情况中，可能根据各方的实际条件、谈判情况、相对资源和市场走向等，交叉使用。但无论是哪种合作模式，在实际交易中，首先需要关注开发协议的对手方，即开发商本身是否具备相应主体资格及开发能力。建议优先核实开发商的基础工商资料，然后关注拟签约开发商的历史开发数据，并与其详细沟通目前CCER的开发要求、项目设计方案及CCER买卖的情况，以判断其是否具备相应的能力。

最后就开发协议的具体条款而言，应当明确约定各方合作方式、各自的权利义务、工作范围及相应违约责任，合理设置服务费的支付时间节点（可以与开发过程进度相结合）；如存在未来CCER开发成功后收益分成的，也应当明确收益分成比例及卖出的时点和价格是否由项目业主独立判断决定，或就开发商有权取得收益比例部分对应的碳资产，开发商有权独立判断决定卖出的时点和价格；对于不可抗力等特殊事件，也可以明确约定该种情况下对应的终止条款及相应的服务费计算方式。

CCER 项目的常见融资措施

对于项目业主而言，无论是项目开发阶段还是项目实施阶段，均须承担一定的开支费用，考虑到资金成本问题，可能存在相应的融资需求。碳资产目前作为一项可供交易的财产权利，市场常见的融资措施如下。

1. 担保

如项目业主已取得一定的碳资产，则其可以以该等资产作为担保向银行等金融机构进行贷款融资。根据《最高人民法院关于完整准确全面贯彻新发展理念 为积极稳妥推进碳达峰碳中和提供司法服务的意见》的有关规定，依法审理碳排放配额权、核证自愿减排量担保纠纷案件。担保合同当事人或者利害关系人以碳排放配额、核证自愿减排量不是可以设立担保的财产为由，主张担保合同无效的，从严认定合同无效情形，依法最大限度维护合同效力。当事人在碳排放权或者核证自愿减排注册登记系统等办理质押登记，债务人不履行到期债务或者发生当事人约定实现质权的情形，质权人主张就登记账户内的碳排放配额或者核证自愿减排量优先受偿的，依法予以支持，助力碳交易产品发挥融资功能，稳定市场预期。因此，碳资产可以作为一种担保资产，以换取常规的贷款融资。

2. 期货交易

就目前项目已经备案但暂未登记的碳资产，或项目未备案前、未来可能取得的碳资产而言，项目业主也可以与碳资产意向买方线下签署相关协议，以供锁定未来登记的碳资产的买方。在此情形下，项目业主也可能通过收取一定的定金或者其他增信措施以保证未来的碳资产交易的顺利进行。值得注意的是，在开发服务中的开发商买断合作模式中，开发商与项目业主就未来开发的碳资产的提前买断约定也类似此处提及的针对项目未备案前、未来可能取得的碳资产的期货交易。

3. 借碳交易和回购交易

参照上海环境能源交易所的官方解释，借碳交易是指：符合条件的配额借入方存入一定比例的初始保证金后，向符合条件的配额借出方借入配额并在交易所进行交易，待双方约定的借碳期限届满后，由借入方向借出方返还配额并支付约定收益的行为。回购交易是指：交易的一方（初始卖出方）将持有的产品卖给另一方（初始买入方）的同时，约定在未来某一日期再由初始卖出方以约定价格从初始买入方购回该笔产品的交易行为。在实际交易过程中，也存在CCER的持有者参照此模式进行交易的，借碳交易本质上类似于代为经营管理碳资产，并就取得的收益与碳资产持有者进行分成，而回购交易也可以理解为一种初始卖出方的融资渠道。但就CCER持有者而言，其虽然也可以进行借碳交易和回购交易，但区别于期货交易模式，回购交易需要CCER持有者首先已经拥有一定的CCER资产，而对于暂未登记的CCER资产而言，其相对更适用期货交易模式或借碳交易模式（其届时可以直接以其项目所登记的CCER进行返还，但需要注意的是，如项目彼时仍处于项目实施阶段暂未登记，则项目的实际登记周期可能存在一定的不确定性，因此在进行此类交易时，应当综合衡量其他可行的 CCER 返还方式），而对于已经登记的 CCER 资产而言，其持有者也可考虑此两种融资模式。目前，上海环境能源交易所提供碳配额借碳交易和回购交易的交易权限管理服务，而对于有交易所介入的交易而言，交易对手的资产持有的真实性也相对可控。

4. 资管产品等创新模式

早在 2017 年原 CCER 关闸前，市场上已有诸如信托类的资管产品参与碳市场的交易。而在 2023 年《温室气体自愿减排交易管理办法（试行）》公布后，由于碳市场的蓬勃发展，资管产品之于碳资产的热度也一路高涨。目前市场上除信托产品外，也有基金类产品专注于碳市场的投资机会。就此类资管产品而言，在项目开发阶段，其对于项目业主方资金成本和对于其投资人在收益回报上的优势相对明显。具体而言，由于资管产品专注于此赛道，在碳市场开发领域可不断积累相关优质开发商资源，并进行深度合作，因此对于项目的开发适格性判断和成功率的把握相对较高；同样地，不仅是开发资源，在退出通道等方面，也能相应积累合适的买方资源；与此同时，因其作为资管产品，具备一定的资金实力，而在交易过程中，对于项目业主和开发商而言，资管产品的付款能力相对透明可控，而资管产品相对也愿意接受预付款等增信措施的要求。因此，综合而言，无论是对于项目业主而言，还是开发商而言，一支优秀的资管产品均为值得优先考虑的交易对手方。

在实操中，如同开发交易一样，各种融资措施可以混合使用，而非仅使用单独一种。对于项目业主方和 / 或未来登记成功的 CCER 持有者而言，其在综合使用多种融资手段时，应当通盘考虑其未来登记的 CCER 的可能数量，并按照市场届时登记的频率进行保守估计；对于投资方而言，其也应当核实未来可能登记成功的 CCER 资产的可能性及数量、时间等关键信息，以此为依据相应选择合适的投资模式，并持续关注相关项目后续的实施、登记过程。

第二节　碳资产二级市场交易实务

二级市场交易产品类别

碳排放配额及 CCER 前文已有介绍，本小节通过举例的形式对地区核证自愿减排量以及碳金融产品的形式先进行简单介绍，以便于后文更好地阐述其在交易中的实务要点。

1. 地区核证自愿减排量

地区核证自愿减排量性质与 CCER 一致，即由主管部门核证的碳信用资产，地区核证自愿减排量的规则由各地主管部门根据当地实际需求制定，地区自愿减排项目及减排量的核证备案一般由各级生态环境部门负责。

例如，广东省发展和改革委员会于 2015 年 7 月 17 日发布了《广东省发展改革委关于印发〈广东省碳普惠制试点工作实施方案〉的通知》，该通知明确了："碳普惠制是指为小微企业、社区家庭和个人的节能减碳行为进行具体量化和赋予一定价值，并建立起以商业激励、政策鼓励和核证减排量交易相结合的正向引导机制。推广碳普惠制，有利于落实国家、省委和省政府应对气候变化及低碳发展工作的部署要求，调动全社会践行绿色低碳行为的积极性，树立低碳、节约、绿色、环保的消费观念和生活理念，扩大低碳产品生产和消费，拉动低碳经济和产业发展，加快形成政府引导、市场主导、全社会共同参与的低碳社会建设新格局。"

进一步地，广东省发展和改革委员会于 2017 年 4 月 14 日发布了《广东省发展改革委关于碳普惠制核证减排量管理的暂行办法》（目前已失效），2022 年 4 月 8 日，广东省生态环境厅重新编制印发《广东省碳普惠交易管理办法》，规定了碳普惠核证自愿减排量的获得程序，具体而言包括：①碳普惠方法学备案（自然人、法人或非法人组织开发的碳普惠方法学向各地级以上市生态环境部门进行申报。地级以上市生态环境部门将具有较好工作基础、具备推广条件的碳普惠方法学报送至省生态环境厅。省生态环境厅在收到碳普惠行为方法学书面申请后，由广东省碳普惠专家委员会组织专家进行评估论证，依据专家委员会出具的评估意见，对条件完备、科学合理且具备复制推广性的碳普惠行为方法学予以备案，并及时向全社会发布）。②申报碳普惠核证减排量（自然人、法人或非法人组织按照自愿原则参与碳普惠活动，作为碳普惠项目业主依据碳普惠方法学申报碳普惠核证减排量。委托有关法人组织申报碳普惠核证减排量的，应当签署委托协议，明确各方的责权利。申报碳普惠核证减排量应承诺不重复申报国内外温室气体自愿减排机制和绿色电力交易、绿色电力证书项目。申报碳普惠核证减排量须书面向地级以上市生态环境部门申请。地级以上市生态环境部门依据碳普惠方法学要求进行初步核算后，报送至省生态环境厅）。③省生态环境厅进行核查后备案及发放（省生态环境厅在收到省级碳普惠核证减排量书面申请后，视需要可委托第三方核查机构进行核查，经核查无误的予以备案，并通过省级碳普惠核证减排量登记簿系统将省级碳普惠核证减排量发放至参与者账户中），《广东省碳普惠交易管理办法》亦规定了碳普惠核证减排量可进行交易并可作为补充抵销机制进入广东省碳排放权交易市场。

类似地，重庆市生态环境局于2021年9月14日发布了《重庆市"碳惠通"生态产品价值实现平台管理办法（试行）》（已废止），于2024年8月1日进一步发布了《重庆市"碳惠通"温室气体自愿减排管理办法（试行）》，规定了"碳惠通"项目自愿减排量（CQCER）的获得程序包括市生态环境局会同相关行业主管部门制定并发布方法学、减排项目审定和登记、减排量核查和登记，经登记的CQCER可交易并用于抵销。

2．碳金融产品

例如广州碳排放权交易所（简称广碳所）于2016年2月3日发布了《广州碳排放权交易中心远期交易业务指引》，该指引所称的远期交易是指**远期交易参与人双方签署远期合约，约定在未来某一时期就一定数量的广东省碳排放配额或国家核证自愿减排量进行交易的一种交易方式**。

远期合同的要求包括：远期合同需要向广州碳排放权交易中心进行备案，主要条款应包括交易品种、交易价格、交易数量、交割时间等内容，远期交易参与人应订立自提交备案之日起 10 个交易日以上交割的远期合约，远期交易参与人根据自愿原则决定是否向广碳所缴纳一定的资金或等价值的配额和 CCER，作为双方履约保证金或抵押物，履约保证金或抵押物的处理处置方式由远期交易参与人在合约中予以明确。

远期交易参与人的要求包括应至少取得广州碳排放权交易中心综合会员、经纪会员或自营会员中的一种会员资格。

远期交易的交割流程包括远期合约交割日前 3 个交易日，广州碳排放权交易中心向远期交易参与人发出清算交割提示，明确需清算的交易资金和需交割的配额或 CCER 数量，在交割日，远期交易参与人应通过广州碳排放权交易中心完成资金清算和配额或 CCER 交割，需申请延迟交割或取消交割的远期交易，远期交易参与人应在交割日之前提前至少 3 个交易日向广州碳排放权交易中心提出申请，经批准后可进行延迟交割或取消交割，对于违约的远期交易参与人，广州碳排放权交易中心将不再予以备案其远期交易，并将其纳入信用黑名单，以适当方式进行公布。

类似地，上海环境能源交易所于 2016 年 12 月 16 日发布了《上海碳配额远期业务规则》，规定上海碳配额远期是以上海碳排放配额为标的、以人民币计价和交易的，在约定的未来某一日期清算、结算的远期协议，并规定了交易参与人的要求、交易流程等。

二级市场交易方式

二级市场交易方式包括交易所公开交易，也包括场外达成交易后通过交易所办理交易等，全国市场和各地有共通的交易方式，亦有所区别，具体可见表5-1。

表5-1　二级市场的交易方式

市场	交易方式
全国市场	（1）单向竞买：交易主体向交易机构提出卖出申请，交易机构发布竞价公告，符合条件的意向受让方按照规定报价，在约定时间内通过交易系统成交 （2）挂牌协议交易：交易方可以查看实时挂单行情，以价格优先的原则，在对手方实时最优五个价位内以对手方价格为成交价依次选择，提交申报完成交易。同一价位有多个挂牌申报的，交易主体可以选择任意对手方完成交易。挂牌协议交易单笔买卖最大申报数量应当小于10万吨二氧化碳当量 （3）大宗协议交易：交易主体可发起买卖申报，或与已发起申报的交易对手方进行对话议价或直接与对手方成交。交易双方就交易价格与交易数量等要素协商一致后确认成交。大宗协议交易单笔买卖最小申报数量应当不小于10万吨二氧化碳当量
北京市	（1）公开交易：交易参与人通过交易所交易系统向交易所交易主体发送申报/报价指令，并按交易所规则达成交易。申报的交易方式分为整体竞价交易（简称整体交易）、部分竞价交易（简称部分交易）和定价交易三种方式。整体交易方式下，只能由一个应价方与申报方达成交易，每笔申报数量须一次性全部成交，如不能全部成交，交易不能达成。部分交易方式下，可以由一个或一个以上应价方与申报方达成交易，允许部分成交。定价交易方式下，可以由一个或一个以上应价方与申报方以申报方的申报价格达成交易，允许部分成交 （2）场外协议转让：交易双方直接进行碳排放配额买卖磋商，交易双方应在交易协议生效后通过交易所办理交割与资金结算手续。配额交易若有以下行为之一的，则须采取场外交易方式：①关联交易。即两个（含）以上具有关联关系的交易主体之间的交易行为。②大宗交易。即单笔配额申报数量超过10 000吨（含）的交易行为。③法律、法规和规章规定的其他情形
天津市	（1）拍卖交易：类似全国市场的单向竞买 （2）协议交易：指项目挂牌期只产生一个符合条件的意向受让方或双方进行自主线下协议后，在交易所组织下，交易者通过协商方式确定交易内容、交易价格等条款，签订交易合同，完成交易过程的交易方式。单笔交易量超过20万吨时，交易者应当通过协议交易方式达成交易

（续）

市场	交易方式
上海市	（1）挂牌交易：在规定的时间内通过交易系统进行买卖申报，交易系统对买卖申报进行单向逐笔配对 （2）协议转让：交易双方通过交易所电子交易系统进行报价、询价、达成一致意见并确认成交的交易方式。单笔买卖申报超过 10 万吨时，交易双方应当通过协议转让方式达成交易
重庆市	协议交易：交易参与人通过交易所交易系统进行买卖申报，与对手方达成合意，并经交易系统确认成交的交易方式 ①成交申报：要求明确指定价格、数量和对手方。成交申报的数量下限为 10 000 吨。类似于上海的协议转让 ②意向申报：意向申报不承担成交义务，意向申报指令可以撤销 ③定价申报：定价申报指令包括交易品种代码、买卖方向、交易价格、交易数量、交易账号等内容。合意的对手方通过交易系统发出成交指令，按指定的价格与定价申报全部或部分成交，交易系统按时间优先顺序进行成交确认。定价申报未成交部分可以撤销
湖北省	（1）协商议价转让：交易系统对买卖申报采取单向逐笔配对，类似上海市的挂牌交易 （2）定价转让：分为公开转让和协议转让，由卖方提出申请，经交易所同意后挂牌 ①公开转让是指卖方将标的物以某一固定价格在交易所交易系统发布转让信息，在挂牌期限内，接受意向买方买入申报，挂牌期截止后，根据卖方确定的价格优先或者数量优先原则达成交易。单笔挂牌数量不得小于 10 000 吨二氧化碳当量 ②协议转让是指卖方指定一个或多个买方为交易对手方，买卖双方场外协商确定交易品种、价格及数量，签订协议转让协议，并在交易系统内实施标的物交割的交易方式
广东省	（1）挂牌点选：交易参与人提交卖出或买入挂单申报，确定标的数量和价格，意向受让方或出让方通过查看实时挂单列表，点选意向挂单，提交买入或卖出申报，完成交易 （2）协议转让：非个人类交易参与人通过协商达成一致并通过交易系统完成交易的交易方式。交易参与人采用协议转让的，其单笔交易数量应达到 10 万吨或以上
深圳市	（1）单向竞价：机制类似全国市场的单向竞买，亦包含竞卖 （2）挂牌协议交易：类似全国市场的挂牌协议交易。挂牌申报时，最大单笔申报数量不得超过 30 000 吨 （3）大宗协议交易：类似全国市场的大宗协议交易，单笔交易数量符合以下条件的，可以采用大宗协议交易方式：①碳排放配额单笔交易数量达到 10 000 吨以上；②核证减排量单笔交易数量达到 5 000 吨以上

（续）

市场	交易方式
福建省	（1）挂牌点选：类似广东省的挂牌点选 （2）协议转让：交易双方采用协议转让交易方式的，应当协商一致，由一方通过交易系统提出申报，另一方通过交易系统确认后完成交易。采用协议转让的，单笔交易数量应当达到 5 万吨（含）以上 （3）单向竞价：类似全国市场的单向竞买 （4）定价转让：交易参与方先向交易所提交挂牌出让申请，交易所审核通过后发布公告并组织交易，在约定的时间内由符合条件的意向受让方提交定价申购申报，最终达成一致并成交
四川省	（1）定价点选：类似广东的挂牌点选 （2）电子竞价：机制类似全国市场的单向竞买，亦包含竞卖 （3）大宗交易：一方交易参与人发起买卖交易产品，同一品种数量较大且达到规定的最低数量限额，通过交易系统提交意向申报，发起方和响应方达成一致后分别提交成交申报，由交易系统完成成交确认的交易方式。交易参与人采用大宗交易的，其单笔交易数量应当达到 10 000 吨二氧化碳当量以上

第三节　我国碳基金的合规运作

2023 年是碳达峰碳中和从规划到落地实施的第一年，然而就碳达峰碳中和的实施路径而言，无论是低碳技术升级还是高碳产业改造，无论是一级市场项目开发还是二级市场项目的交易，最终都绕不开项目资金的问题。一方面碳资产项目需要通过政府资金进行政策性支持，另一方面需要碳资产市场的正循环反馈，这都需要碳资产金融工具来实现，而其中绕不开的一项金融工具就是碳基金。碳基金对碳市场的发展具有重要支持作用，是目前需求度较高的碳金融产品。碳基金的设立的目的是筹集资金用于支持低碳产业的发展，从而实现碳中和目标，根据中国绿色金融专业委员会的预测，为达成全球温控 1.5 摄氏度目标值，从 2021 年到 2050 年累计需要投入的资金达到 487 万亿元（包括固定资产和流动资金）。目前市场上

"双碳"主题基金也受到各类资本的青睐，涉及政府投资平台、产业资本、科技公司、投资机构。根据中国基金业协会数据，目前已备案的"双碳"主题基金大多由国资产业集团、产业资本主导，但从趋势上看许多民间资本、投资集团已经宣告设立碳中和基金，以布局碳市场。由此，下面笔者将结合碳基金的概念以及在我国立法和市场背景下的分类情况，特别就碳基金的发展进行阐述。

碳基金的概念

碳基金，是指由政府、金融机构、企业或个人投资设立的专门基金，致力于在全球范围购买碳信用或投资于温室气体减排项目，经过一段时期后给予投资者碳信用或现金回报，以帮助改善全球气候变暖。广义碳基金应该是指与应对气候变化相关的专门资金，国际上通常指进行清洁发展机制下温室气体排放权交易的专用资金。[⊖] 本节所述碳基金，除非特别指明含义，一般是指我国碳达峰、碳中和基金的简称，是指由机构、企业或政府设立的通过各种融资渠道，直接参与碳排放配额和国家核证自愿减排量等碳资产及碳金融衍生品交易，或者通过直接融资方式直接为相关项目提供融资支持的专项投资基金，即属于广义碳基金的概念。

碳基金的分类

根据募集方式、交易的具体对象的不同，碳基金一般可以进行以下几种分类。

⊖ 黄孝华.国际碳基金运行机制研究［J］.武汉理工大学学报，2010 (4).

1. 募集方式、募集对象不同：公募类碳基金和私募类碳基金

根据《中华人民共和国证券投资基金法》第三条："通过公开募集方式设立的基金的基金份额持有人按其所持基金份额享受收益和承担风险，通过非公开募集方式设立的基金的收益分配和风险承担由基金合同约定。"公募类碳基金的募集对象是广大社会公众，对于投资者的主体身份和资产状况未做特别的要求，如果是向某类特定人群进行募集，仅要求在数量上累计超过两百人即可。而私募类碳基金的募集对象必须是合格投资者，且数量累计不得超过二百人。

根据《中华人民共和国证券投资基金法》，公募类碳基金是指通过公开募集方式设立，并以碳二级市场的碳排放配额和国家核证自愿减排量为主要投资对象的证券投资基金。私募类碳基金是指以非公开方式向特定投资者募集资金并以碳资产或者碳资产相关的股权等特定目标为投资对象的证券投资基金。根据《关于规范金融机构资产管理业务的指导意见》第十条："公募产品主要投资标准化债权类资产以及上市交易的股票，除法律法规和金融管理部门另有规定外，不得投资未上市企业股权。公募产品可以投资商品及金融衍生品，但应当符合法律法规以及金融管理部门的相关规定。"具体到碳资产领域，公募类碳基金以碳二级市场的碳排放配额和国家核证自愿减排量等碳资产和碳金融衍生品为主要投资对象。而私募类碳基金，根据《私募投资基金监督管理暂行办法》第二条："私募基金财产的投资包括买卖股票、股权、债券、期货、期权、基金份额及投资合同约定的其他投资标的。"除可以投资碳二级市场的碳排放配额和国家核证自愿减排量等碳资产和碳金融衍生品外，还可以投资未

上市企业股权、碳中和债券、碳期货等。目前，国内关于金融机构直接参与碳二级市场碳排放配额和国家核证自愿减排量等碳资产和碳金融衍生品的交易尚未出台相关的交易细则，本节也基于现状和实践考虑，仅就私募类碳基金进行理论研讨。

尽管理论上私募类碳基金财产可以投资于二级碳市场中的碳资产交易，但在当前我国法律法规体系项下，备案专门投资碳二级市场的碳基金存在一些实操上的问题，主要困难在于体量最大的全国碳市场对于开立账户的单位资质有一定要求，实操中仅有部分重点排放单位（多为大型发电企业）和经中国证监会批准的证券公司能够在全国碳排放权交易市场开户并参与交易，碳基金只能通过与该等重点排放单位合作的方式参与全国碳市场的交易，该等合作中碳基金往往无法掌握账户中的具体交易信息，相关交易指令也必须通过有资质的单位进行操作。该等合作模式的风险主要体现在两个方面：一方面，从监管角度，尽管目前全国层面未就全国碳市场交易账户的出借做出具体规定，但参考类似的证券市场法律法规，例如根据《中华人民共和国证券法》的规定，任何单位和个人不得违反规定，出借自己的证券账户或者借用他人的证券账户从事证券交易，笔者不排除在未来全国碳市场的规则进一步完善后，或监管力度加强后，前述碳基金与重点排放单位的合作模式可能被认定为违规行为，并导致被处以相应处罚的潜在风险，或使得基金的主营业务的可持续性陷入不确定的状态；另一方面，从交易安全的角度，碳基金的资金需要存放在合作方的账户中，且无任何法定的监管措施，无法排除合作方将资金挪作他用的道德风险。

2. 交易的具体对象不同: 碳资产交易基金与碳股权基金

该种分类, 是根据具体交易的对象不同所做出的。碳资产交易基金是指主要以碳二级市场的碳排放配额和国家核证自愿减排量等碳资产和碳金融衍生品为主要投资对象的碳基金。该类基金包括了公募类碳基金和私募类碳基金, 根据投资品种, 具体又可以细分为碳排放配额、国家核证自愿减排量和碳金融衍生品基金, 基金设立的主要目的就是直接通过参与碳二级市场的交易来获取收益。在目前我国基金业协会基金产品类别的体系项下, 就碳资产交易基金是落入证券类基金还是其他类基金范围存在界定上的不确定性。关于这两类基金的投资范围的区分要点, 主要看是否落入证券类基金的范围, 即公开交易的股份有限公司股票、债券、期货、期权、基金份额以及中国证监会规定的其他证券及其衍生品种, 其中重点在于是否属于 "中国证监会规定的其他证券及其衍生品种", 而对于碳排放权这类新兴的资产属于哪种类别, 目前法律法规尚无法明晰界定。CCER、CEA 交易原先由国家发展改革委进行监管, 而后由生态环境部监管, 在碳排放权交易市场 (各地的能源交易所) 进行交易, 其目前不属于证监会规定的证券及其他衍生品种, 也未在证监会监管的交易场所进行交易, 现有规范体系仅能将碳资产交易基金纳入其他类基金的范围中, 但基金业协会目前已经暂停办理其他类私募基金管理人的审批, 该等基金备案为哪一类基金产品尚有些模糊, 笔者也期待未来主管部门能够进一步明确该类基金的分类方式。

而碳股权基金是指以控排企业或者可再生能源、林业碳汇、甲烷利用等减排项目的公司股权为投资对象的碳基金。碳股权基金因为涉及控排企业，减排项目业主及相关的上下游行业、众多科研机构，在实践中又会根据行业类别的不同进行细分，比如光伏碳基金、氢能碳基金、绿色建筑碳基金等。

碳基金的未来发展

从资金来源看，我国的碳基金大多属于政府主导的公募基金，由政府部门牵头、出资并且对基金进行管理，资金来源和管理模式都相对单一。单纯依靠政府相关部门的出资有着明显的弊端，一方面加大了财政的资金压力，另一方面由于资金有限，难以满足低碳技术开发的需求，从而难以有效地促进低碳经济的发展，还容易导致碳金融活力不足。因此，要想充分发挥碳基金促进低碳经济发展的积极作用，应当改变过去以政府资金投入为主体的单一化形式，在合适的时机适当引进境外资本以及金融机构和社会资本的加入，扩大社会资本的参与面以及资金投入，实现碳基金层次体系的多元化。

从合规运作风险来看，目前碳基金面临的风险主要包括政策风险和运营风险。我国碳市场的发展日新月异，金融创新不断加速，各项政策、法律法规等也不断出台，碳基金在成立和投资的过程中需要随时关注政策和法律的出台以及更新动向，从而将政策风险控制在合理范围之内。除此之外碳基金还存在运营风险，目前我国碳基金的发展仍处于起步阶段，受到各方因素的限制，碳基金的监管存在比较大的风险，如何有效地促进碳基金为低碳经济服务是我们仍需探索的课题。为了一定程度上规避碳基金的运营风险，前期的工作计划和组合投资设计都是十分有必要的，培养碳金融的专业人才，引进外部投资顾问等都是有效控制碳基金运营风险的方式。

我国 CCER 和碳金融市场的发展展望

现阶段，我国碳市场正处于高速发展的初期，国际上众多成熟碳市场的成功经验或失败教训，都可以为我国碳市场的发展提供宝贵借鉴。放眼未来，笔者认为我国 CCER 市场和碳金融市场的发展应成为未来我国碳市场走向成熟的重中之重，值得在此做进一步探讨。

第一节　CCER 市场的发展构想

目前上海环境能源交易所 CCER 已开始标注其审核时间，主要原因在于生态环境部于 2023 年 10 月 24 日发文《关于全国温室气体自愿减排交易市场有关工作事项安排的通告》，称 "2017 年 3 月 14 日前已获得国家应对气候变化主管部门备案的核证自愿减排量，可于 2024 年 12 月 31 日前用于全国碳排放权交易市场抵销碳排放配额清缴，2025 年 1 月 1 日起不再用于全国碳排放权交易市场抵销碳排放配额清缴"。因此，上海环境能源交易所相应标注了 CCER 审核时间。

但是可以很明显地注意到，在国际上，VCS 根据不同类型及不同年份在交易官网上均有相应标注，且其价格也不相同。VCS 方法学主要包括能源、工业过程、建筑、交通、排污、矿业、农业、森林、草地、湿地和畜牧业等。区别于 CCER，VCU（即基于 VCS 开发的碳汇产品名称）会标注其是何种类型的自愿减排方式及年份。简单而言，VCU 的备案年份越新，价格便在同种类型中越高。结合国际碳汇 VCU 的情况，笔者不排除未来 CCER 也可能参照时间或种类进行价格区分的可能性。就国内的碳市场而言，如 CCER 拟实现前述价格波动趋势，可行的方案是直接在碳排放抵销市场上予以体现不同项目种类的或者不同登记年份的 CCER 的抵销能力。比如，拟对不同年份的 CCER 进行价格区分，可以给予当年度最新登记的 CCER 系数为 1，给予前 N 年度登记的 CCER 系数为 $M=1-0.1 \times N$（$M>0$），或可设置 CCER 及碳排放配额的抵销期限，如 CCER 及碳排放配额有明确的有效期，则越接近有效期尾端的碳汇产品价格将越低；如拟对不同项目种类的 CCER 进行区分，可以考虑对于不同种类 CCER 履约时的履约系数进行调控，例如造林类项目的 CCER 在履约抵扣时系数为 1，而草原类项目的 CCER 在履约抵扣时系数为 0.8（前述种类和系数仅做举例之用），即如使用草原类项目的 CCER 进行履约抵扣，相较于造林类项目的 CCER，需要多抵扣 25% 的 CCER，除了可以在抵销时进行系数赋予外，也可以在登记时就赋予不同的系数而进行区别，虽然方法学中可计算出的减少的二氧化碳当量的单位均一致，但在登记过程中可对于不同种类项目的二氧化碳当量直接赋予系数，从而使得在登记量上可直接体现区别。就笔者来看，不同年份的 CCER 价格区分的现实意义不及不同种类项目的 CCER 价格区分，CCER 的开发本身就强调额外性，因此对于需要碳资产收益进行项目实施和维护补贴的项目而言，从项目成本的角度，需要获取相对更高的碳资产收益回报以进行激励。但就整体市场的自愿减排激励措施而言，首先，在各种类型项目的方法学中，对于额外性免予论证的情形均已根据各种类项目的实际情况予以划分，这在一定程度上已经结合考虑了各类型项目的公益属性并加以扶持；其次，从二氧化碳当量的减少排放效果来看，不同类型项目的成本差异固然存在，但实际登记的 CCER 数量以相较于各自基准线减少的二氧化碳排放当量为准，从减少二氧化碳排放、保护环境角度来说，也相对合理。

由于目前新温室气体自愿减排管理办法及新方法学刚刚发布，笔者认为短期内进行 CCER 价格机制调整的可能性相对有限。但从长期趋势而言，如果未来在国际市场上，自愿减排量的价格都将明显受限于项目种类及开发时间，那么不排除 CCER 的价格机制也将向国际碳汇价格机制趋齐的可能性。

根据历史 CCER 和碳排放配额间的价格关系，可以很明显看到 CCER 随着碳排放配额的价格、依据履约周期进行波动。根据《碳排放权交易管理办法（试行）》的有关规定，重点排放单位每年可以使用国家核证自愿减排量抵销碳排放配额的清缴，抵销比例不得超过应清缴碳排放配额的 5%。该办法现行有效，在目前 CCER 仍作为控排企业履约时的碳排放配额补充碳汇产品来看，未来 CCER 价格与碳排放配额价格仍将处于强关联关系。根据中华人民共和国中央人民政府官网的相关数据，全国碳排放权交易市场自 2021 年 7 月正式开市至 2024 年 2 月，已顺利完成了两个履约周期，且全国碳排放权交易市场覆盖年二氧化碳排放量约 51 亿吨，纳入重点排放单位 2 257 家。中国作为全球覆盖温室气体排放量最大的碳市场，按照目前中国控排企业每年履约所需碳排放配额维持在 51 亿吨来计算，其中最高 5% 的碳排放配额，即 2.55 亿吨碳排放配额可由 CCER 替代。由此可得，CCER 每年的需求量在碳排放配额维持不变的情况下最高为 2.55 亿吨。由于协议交易的价格交易所网站无公布，因此参考上海环境能源交易所截至 2024 年 3 月最近一次挂牌交易成交价格，可以得出成交的 CCER 的单价约为 67.5 元 / 吨，因此，仅就维持不变的碳排放配额量计算，可得出 CCER 预计每年可交易的市场规模约为 172 亿元，考虑到未来会存在各种非项目业主方和控排企业的直接交易，每年 CCER 交易总金额应当更高。

如前文所述，VCU 的交易价格受到了不同种类和年份的影响，简言之，产生时间越近的 VCU 价格越高，林业等 VCU 的价格高于光伏 VCU。目前笔者也注意到在上海环境能源交易所的官网上有《全国碳市场各年度碳排放配额成交情况》，即碳排放配额也开始做了不同发放年度配额的交易价格区别和统计。未来，笔者不排除 CCER 及碳排放配额将参考 VCU 设置产生 / 发放时间的远近而影响其价格的可能。

2023 年 8 月 3 日，国家发展改革委、财政部、国家能源局联合发布的《关于做好可再生能源绿色电力证书全覆盖工作促进可再生能源电力消费的通知》指出，电力行业是目前全国碳排放权交易市场的主要行业，而由于核证自愿减排量的相关明确规定，对于均符合 CCER 方法学和绿色电力证书的项目而言，其仅可选择一种进行登记。而在前述通知中，也明文确定了在未来绿色电力市场将与碳市场进行衔接，包括绿色电力市场与全国碳排放权交易机制、温室气体自愿减排交易机制的衔接协调。由于衔接方式等暂具有不确定性，且 CCER 市场并非完全依赖于电力市场，因此笔者认为暂时可以不考虑绿色电力市场对于 CCER 价格的未来影响，待相关机制明确后可再予以探讨。

第二节　我国碳金融市场的发展构想

当前国内碳金融领域面临的挑战

如前文所述，我国碳市场的金融化进程尚处于初期阶段。总体来看，国内碳金融市场在以下两个方面存在明显的短板。

一方面，制度建设方面存在欠缺。从政策制度层面来看，目前我国关于金融品交易的政策和法规未能及时覆盖到碳资产领域，也未能及时适应碳市场的发展变化，导致碳金融产品创新和交易缺少坚实的制度基础。这一问题的部分原因在于，一路发展以来，碳市场的管理权限和运作职能主要归于生态环境部门、发展与改革部门，以及地方碳交易所，缺乏金融监管机构的深度参与，这增加了金融监管的难度，并影响了我国碳金融市场的活力。

另一方面，碳金融市场的运作机制尚不完善。目前，全国碳市场的碳排放配额交易尚未向金融机构和投资机构全面开放，限制了碳金融交易的规模化和专业化发展。即便在支持碳金融产品交易的试点地方碳市场，受交易主体碳资产管理意识不足、碳排放权法律属性不明确等原因的影响，碳金融产品成交量十分有限，金融机构参与创新和交易的积极性不高。此外，规模最大的全国碳市场尚未推出碳金融产品，使得碳金融市场在价格发现和风险管理方面的作用未能充分发挥。[⊖]

推动国内碳金融市场发展的重要性

推动碳金融市场的发展对于我国具有深远的意义。通过金融化手段，可以在现有的碳现货交易基础上，进一步丰富市场机制，确保碳价格的稳定性和权威性，使碳价格能够更好地引导实体经济，提高碳市场的资源配置效率和运行效率，同时为企业提供有效的碳资产管理工具。此外，发展碳金融市场也对我国争取国际碳定价权具有重要的战略意义：首先，有助于我国在全球气候治理中发挥更大的作用。中国在推动《巴黎协定》的达成和实施中展现了重要的领导力，争取国际碳定价权是在市场层面进一步参与全球气候治理的关键。其次，有助于引导气候融资和低碳投资。为了实现《巴黎协定》的目标，需要在全球范围内拓展气候融资渠道，而我国在推动产业升级和实现经济增长的过程中，也需要加大力度吸引低碳投

⊖ 贾彦.着眼全球碳市场竞争做大做强碳金融市场［J］.清华金融评论，2023 (14).

资。一个权威和可信的碳价格信号对于引导气候融资和低碳投资至关重要。最后，有助于应对绿色贸易壁垒。随着国际经贸谈判和协议越来越重视环境标准，建立一个权威的中国碳价体系对于避免在未来面临被他人定价的风险至关重要。[⊖]

对国内碳金融市场发展的设想

加速中国碳市场的金融化可以通过以下几个方面来实现：首先，增加交易方式的灵活性。为碳交易机构提供更多的交易方式和清算交付选择，使其逐步与金融市场的主流交易方式接轨。其次，扩大金融机构的参与。鼓励更多的投资机构参与碳金融市场，并促使金融机构提供更广泛的碳资产融资服务。再次，在纳入金融监管的前提下推广碳期货交易。这对于碳金融市场的建设和金融化至关重要。最后，发展场外交易。通过场外市场推动大宗交易和碳衍生品交易，实现碳价格与能源价格的联动。

同时，将国内碳金融市场与国际市场接轨是形成成熟碳金融市场的关键。我国碳金融市场的国际化可以从以下几个方面入手：一是允许境外投资机构参与国内碳市场交易；二是将与我国保持长期友好合作关系的发展中国家的经认可的项目减排量纳入国内碳市场的抵销机制，以及实现碳市场碳排放配额互认；三是推动国内经认可的项目减排量纳入国际发达碳市场的抵销机制。[⊖]通过这些措施，可以促进国内碳金融市场的健康发展，增强其在国际碳市场中的影响力。

⊖⊖ 绿金委碳金融工作组，《中国碳金融市场研究》。

推荐阅读

读懂未来前沿趋势

一本书读懂碳中和
安永碳中和课题组 著
ISBN：978-7-111-68834-1

双重冲击：大国博弈的未来与未来的世界经济
李晓 著
ISBN：978-7-111-70154-5

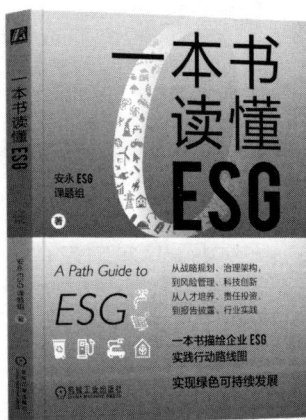

一本书读懂 ESG
安永 ESG 课题组 著
ISBN：978-7-111-75390-2

数字化转型路线图：智能商业实操手册
[美]托尼·萨尔德哈（Tony Saldanha）
ISBN：978-7-111-67907-3

马特·里德利系列丛书

创新的起源：一部科学技术进步史
ISBN：978–7–111–68436–7

揭开科技创新的重重面纱，开拓自主创新时代的科技史读本

基因组：生命之书 23 章
ISBN：978–7–111–67420–7

基因组解锁生命科学的全新世界，一篇关于人类与生命的故事，
华大 CEO 尹烨翻译，钟南山院士等 8 名院士推荐

先天后天：基因、经验及什么使我们成为人（珍藏版）
ISBN：978–7–111–68370–9

人类天赋因何而生，后天教育能改变人生与人性，解读基因、环
境与人类行为的故事

美德的起源：人类本能与协作的进化（珍藏版）
ISBN：978–7–111–67996–0

自私的基因如何演化出利他的社会性，一部从动物性到社会性的
复杂演化史，道金斯认可的《自私的基因》续作

理性乐观派：一部人类经济进步史（典藏版）
ISBN：978–7–111–69446–5

全球思想家正在阅读，为什么一切都会变好？

自下而上（珍藏版）
ISBN：978–7–111–69595–0

自然界没有顶层设计，一切源于野蛮生长，道德、政府、科技、
经济也在遵循同样的演讲逻辑

飞行家系列

一人，一书，一段旅程，插上文字的翅膀，穿越大海与岁月

繁荣的背后：解读现代世界的经济大增长
ISBN：978-7-111-66966-1
探寻大国崛起背后的逻辑，揭示现代世界格局的四大支柱

世界金融史：泡沫、战争与股票市场（珍藏版）
ISBN：978-7-111-71161-2
从美索不达米亚平原的粘土板上的借贷记录到雷曼事件，一部关于金钱的人类欲望史；一部"门外汉"都能读懂的世界金融史。

左手咖啡，右手世界：一部咖啡的商业史
ISBN：978-7-111-66971-5
一颗咖啡豆穿越时空的故事，翻译成15种语言，享誉世界的咖啡名著，咖啡是生活、是品位、是文化、更是历史，本书将告诉你有关咖啡的一切。

宽客人生：从物理学家到数量金融大师的传奇（珍藏版）
ISBN：978-7-111-69824-1
一位科学家的金融世界之旅，当你研究物理学的时候，你的对手是宇宙；而在研究金融学时，你的对手是人类。